내가 만난 스리랑카

인도양의 진주
스리랑카 핵심 여행안내

내가 만난 스리랑카

박원옥 지음

생각나눔

| Congratulations Message |

2014. 10. 31.

With the rapid socio-economic changes in the country, development activities have been initiated in all areas ensuring the dividends of country's development to all masses equally. Ministry of public administration and Home Affairs which comprises 25 district secretariats and 332 Divisional Secretariats plays a vital role in diffusing the results of massive development from top to bottom.

ICT acts as one of the major networking agents of all these activities. IT Division of this Ministry is doing commendable service for facilitating to collect all those into one umbrella. I know that KOICA dispatched IT expert Mr. Park Won-ok to our ministry for consulting the IT systems since last year, with aim to introduce basic concept of Korea e-Government and seek its adaptabilities to our ministry for upgrading and improving our Information Systems efficiency.

He had been working with us almost two years and contributed in many ways for the ICT development of the

Ministry by sharing his international experience with our staff. His constructive, creative and innovative concepts supported ministry's IT division to make more fruitful decisions. I was privileged to witness the remarkable improvements accomplished by Korea in IT sector when I participated for The Global e-Government Forum 2013 and UN Public Service Forum 2014 in Korea.

I earnestly believe that the journey towards the wonder of Asia will come true if we are ready to work with these new technologies. As a Ministry with a huge network of service delivery points we must think of modern ways for citizen centric service delivery. In that sense I think it was a great opportunity for our Ministry to have a Korean IT expertise like Mr. Park Won-ok to share-out his expertise with us.

At the moment of his leaving of this Ministry, he is said to publish a book of his own writing about Sri Lanka. With my warm heart, I would like to congratulate him on his book publishing.

I would like to thank Korean Government, KOICA and especially Mr. Park won-ok for the laudable service rendered to the IT development of the Ministry. I wish all the success for his future endeavors.

Best Regards

With Love

W.D.J. Seneviratne / Minister,

Ministry of Public Administration and Home Affairs

Sri Lanka

| 축하 메시지 |

2014. 10. 31.

국가의 사회경제적 급격한 변화와 더불어, 국가 개발을 모든 대중에게 공평히 분배하고자 개발활동은 모든 분야에서 주도되어 왔다. 25개의 District와 332개의 Division을 구성하는 공공행정 내무부는 위에서 아래까지 대개발의 결과를 분배하는 데 활기찬 역할을 수행하고 있다.

ICT는 이런 모든 활동의 중요한 네트워크 에이전트로서 역할을 한다. 당 부처의 IT 부서는 이런 모든 활동(정보)을 한 곳(우산)으로 모을 수 있도록 하는 칭찬받을 만한 서비스를 수행한다. 본인은 코이카에서 IT 전문가인 박원옥 씨를, 한국 전자정부 개념을 소개하고 또 접목 가능성을 모색하여, 정보시스템 효율성의 상승과 개선을 목적으로 한 IT 자문을 위하여 작년에 당 부처로 보낸 것으로 안다.

그는 우리와 함께 거의 2년간 근무하면서 그의 국제적 경험을 우리 직원들과 나누면서 당 부처 IT 개발을 위하여 여러 가지 면에서 기여를 했다. 그의 건설적이고, 창의적이며, 혁신적인 개념들은 당 부처 IT 부서가 보다 유익한 의사결정을 하도록 지원을 했다.

나는 한국에서 개최된 2013년 글로벌 전자정부 포럼과 2014년 UN 공공서비스 포럼에 참석하여 한국이 이룩한 IT 분야의 놀랄 만한 발전을 목격하는 영광을 누렸다.

나는 우리가 이런 신기술과 함께 일할 준비를 한다면 'Wonder of Asia'로의 여행은 반드시 실현될 것이라 믿는다. 거대한 서비스 제공 조직의 부처로서 우리는 시민 중심의 서비스 제공을 위한 현대화된 방법을 생각하지 않으면 안 된다. 그런 면에서 본다면, 당 부처가 박원옥 씨와 같은 IT 전문가와 함께 그의 전문 지식을 공유할 수 있었다는 것은 대단한 기회였다고 생각한다. 그가 당 부처를 떠나갈 지금에 그의 스리랑카에 관한 책을 출판한다고 한다. 나는 따뜻한 마음으로 그의 출판을 축하하고자 한다. 한국정부에 감사하고, 코이카에 감사하며, 특히 박원옥 씨의 당 부처 IT 발전을 이룩한 칭찬할 만한 봉사에 감사드린다.

스리랑카 공공행정 내무부 장관, John Seneviratne

| Foreword |

I love travelling! My career in Sri Lanka public service opened up lots of opportunity for me to travel in many parts of the world for business and studies. My motto of visiting another country was to "eat, live and enjoy foreign culture". One has to embrace the food and culture of the country s/he visits to get most out of that tour. We have a saying in Sinhala, the language of majority of Sri Lankans, goes "If you are joining wedding reception of bat you too must be hanging from feet". What does this mean? You cannot behave a stranger in a place to enjoy it. If you did not adapt to the place where you in, you would see a distorted view. Park Won Ok and I are behaving bats in the wedding of bat! Why? We both would like to enjoy the environment we are in. That is where the genuineness of this book comes from. Park writes this book from his own experience by living a life of a "local" in Sri Lanka.

I met Mr. Won Ok only a year ago as an Information Technology expertise dispersed by KOICA to the Ministry of Public Administration and Home Affairs in Sri Lanka. We had to work together after I have been appointed as the Senior Assistant Secretary (IT). His knowledge and experience about organizational IT management was an asset in many ways to reshape structure and systems of Information Technology Division. The two workshops conducted by Mr. Park helped the Ministry to review and streamline its IT organizational structure allowing productive use of resources.

He made a lasting first impression on me due to his great sense of humor thereby building a friendship goes beyond work. The more we chat the more I amazed to know about his knowledge about my country, its people, its food and its beautiful places. He was tremendously excited to be part of the culture of the country he lived in for 2 years. That is the right attitude if you ever want to enjoy a new destination. We had chances to enjoy lunch out together sometimes amidst our work and I marveled at his ability of choosing best places to dine in Colombo, be it local cuisine or international. Every time I introduce any new food or place in Sri Lanka he was curious and tried to explore it more.

It is fascinating how he had learned both strengths and weaknesses of people in Sri Lanka in such a short period of time, yet I admit to its truthfulness! And that is why this book (from what Mr. Park explained, I am sad, I cannot understand Korean!) – I believe so trustworthy, so engaging, so endlessly perusable – is more valuable to Korean travelers who want to have the best possible experience when they travel to Sri Lanka.

At this remarkable event of Mr. Park publishing a travel book about Sri Lanka I am immensely privileged to write a foreword for it. I sincerely believe that this would become a handbook for Korean tourists and attract more and more of them to visit my lovely island nation. I whole-heartedly wish Mr. Park would fulfill his ambition by writing this informative book!

Samanthi Senanayake

Senior Assistant Secretary(Information Technology)

Ministry of Public Administration and Home Affairs

Sri Lanka

| 서문/ 추천사 |

나는 여행을 좋아한다. 스리랑카 공공행정분야에서 직장생활은 나에게 업무적으로나 연수목적으로 세계의 많은 곳을 여행할 기회를 많이 열어 주었다. 다른 나라 방문의 모토는 '먹고 지내고 외국문화를 즐기자'였다. 그 여행에서 많은 것을 얻기 위해서는 방문하는 국가의 음식과 문화를 받아들여야 한다. 스리랑카 다수언어인 싱할라에 이런 속담이 있다. "박쥐 결혼 연회에 참석하면 너도 거꾸로 매달려라." 무슨 뜻일까? 즐길 장소에 가면 다른 사람들과는 다른 행동을 할 수 없다는 얘기다. 네가 있는 곳에 적응하지 못하면 비뚤어진 광경을 보게 될 것이다. 박원옥 씨와 나는 박쥐 결혼식에서 박쥐 행동을 하고 있는 것이다. 우리 둘은 처한 환경을 즐기고자 한다. 바로 그것으로부터 이 책의 진정한 모습이 나오게 된 것이다. 그는 스리랑카에서 현지인의 삶을 삶으로써 오는 그의 경험으로부터 이 책을 쓴 것이다.

나는 1년 전에 코이카에서 공공행정 내무부에 IT 전문가를 보낸 박원옥 씨를 만났다. IT SAS(Senior Assistant Secretary)로 임명된 이후 우리는 함께 일을 했다. 조직적 IT 관리에 관한 그의 지식과 경험은 IT 부서의 구조와 조직을 재설계하는 데 있어서 여러 면으로 자산이 되었다. 그에 의해 실시된 두 번의 워크숍은 우리 부처로 하여금 생산적인 자원활용을 통한 IT 조직적 구조를 검토하고 간소화하도록 도왔다.

그는 나에게 뛰어난 유머감각으로 첫인상을 줄곧 유지케 했고, 그래서 업무를 넘어선 우정으로 발전하게 되었다. 대화를 나눌수록 그의 스리랑카와 국민, 음식, 아름다운 곳들에 대한 지식에 더 많이 놀랐다. 그는 3년간 살아온 국가의 문화 일부가 되는 것에 대해 굉장히 신나 했다. 새로운 목적을 즐기려 든다면 그것이 올바른 자세다. 우리는 근무 중 중식을 위해 밖을 가끔 나갈 기회가 있었는데 그의 콜롬보 내의 좋은 만찬 장소 선정 능력에 놀랐다. 그곳이 현지식이건 국제식이건. 내가 새로운 음식이나 장소를 소개할 때면 그는 호기심이 있었고 그것을 경험해 보고자 노력했다.

그가 그 짧은 기간에 어떻게 스리랑카인들의 강함과 약함을 동시에 알아냈는지 대단히 흥미롭다. 하지만 나는 그의 정직함을 인정한다. 그리고 그것이 이 책이 스리랑카 여행 때 가능한 최고의 경험을 원하는 한국 여행객들에게 더욱 소중할 만한 이유이다. (그의 설명에 의하면, 나는 한국어를 이해 못 한다, 그래서 슬프다.)- 나는 아주 신뢰할 수 있고, 호감이 가고, 정독할만하다고 믿는다. -

그의 스리랑카에 관한 책을 출판할 놀라운 행사에 책의 서문을 쓰는 대단한 영광을 가졌다. 나는 진심으로 이 책이 한국 관광객의 안내서가 되어 더 많은 사람들이 나의 아름다운 섬나라를 방문하기를 바란다. 나는 진정으로 그가 이 유익한 책의 저술을 통하여 그의 야심을 실현하기를 바란다.

스리랑카 공공행정 내무부, IT Division

Senior Assistant Secretary, Samanthi

| 추천의 글 |

'동양의 진주' 스리랑카를 상세히 소개한 책자는 현재 한글판으로는 없다. 단지 외교부와 KOTRA의 국가정보 및 활동수기 정도는 있으나 여행용 상세정보라고 보기엔 부족하다. 과거에 일본에서 발간된 스리랑카 여행정보 책자를 한글로 번역한 것이 있었으나, 그마저도 현재는 절판되어서 구하기 힘들고, 있더라도 오래전 내용이라서 현실에 맞지 않을 것이다. 이번에 스리랑카 여행객을 위한 소담한 안내서가 나와 반가움을 금할 수 없다.

저자는 3년 동안 KOICA 중장기자문단으로서 스리랑카 내무부에 근무하면서 틈틈이 원고를 준비하였다. 1, 2부로 나누어 정리하였는데, 1부에서는 여행안내 정보를 간단명료하게 정리하면서 가는 곳마다 그때그때 느꼈던 감상과 필요할 때마다 찍어놓은 사진을 곁들였고, 2부에서는 수행업무 소개, 본인의 삶에 대한 성찰, 그리고 연륜이 묻어있는 명언들을 소개함으로써 여행의 맛을 더하고 있다. 특히, 실제 경험이 맛깔스런 글솜씨를 만나 더욱 빛을 발함을 느낄 수 있다. 당분간 더 나은 책자가 나오기까지 스리랑카를 찾는 분들에게 소중한 자료가 될 것으로 확신한다.

본인이 거의 3년을 가까이에서 보았지만, 저자는 겸손하며 예의를 아시는 분이다. 스리랑카 거주 교민들 간에 원만한 인간관계를 유지하셨고, 이는 고스란히 이 책에 담겨 있는 것 같다. 근무기관인 스리랑카 내무부에서도 훌륭한 IT 자문활동과 함께 현지공무원들을 잘 이끌어 주셔서 인기가 높은 것으로 알고 있다. 내무부 근무 기간 중 해당 부처 장관과 함께 한국출장을 두 번씩이나 다녀온 것도 이와 무관하지 않을 것이다.

저자의 추억과 경험, 모두가 스리랑카를 찾는 분들에게 길잡이가 되고, 풍부한 경험과 연륜 또한 잘 전달되어 훌륭한 안내서로 자리 잡길 바라며….

2014. 10. 인도양을 바라보며

민주평화통일 자문회의 서남아 협의회 부회장/스리랑카 지 회장 엄경호.

(전 재스리랑카 한국경제인협의회 회장 및 한인회장, 스리랑카 30년 체재 중)

| 붙임 글 |

처음 박원옥 교수님을 뵈었을 때 선이 굵지 않은 잔잔한 미소가 생각이 난다. 잔잔함 그 속에서 일상이 정리되어 밖으로 나온다면 좋은 것이 만들어질 거로 생각한 적이 있다. 박 교수님의 생과 업이 스리랑카에서 3년이란 세월이 가려 하는 즈음에 책을 발간하신단다. 참으로 쉽지 않은 것이었으리라, 하지만 이 얼마나 축하할 일인가.

축복받는 섬나라 Sri Lanka, 인도양의 진주라 칭하며 자연의 보고로 알려진 나라다. 그러나 그 역사의 시간 속에는 기나긴 세월의 식민지의 삶과 독립 후 오랜 내전의 상흔이 남아 있다. 그야말로 눈에 보이는 자연스럽고 부드러운 부분과 현지에서 겪으며 느끼는 깊은 곳의 아픔이 상존하는 나라이다.

이러한 스리랑카를 알기 위하여 인터넷을 통하여 찾게 되면 많지는 않지만, 일반적인 정보를 접하게 된다. 현지에서 가슴과 머리로 직접 보고 느낀 경험을 기술한 책을 찾기란 그리 쉽지 않은 것 같다. 이럴 즈음에 박 교수님께서 짧지 않은 기간 동안 스리랑카에 살며 겉에 가려 볼 수 없는 속의 내면을 글로 통하여 자세하게 볼 수 있게 하니 참

고마운 일이다.

스리랑카 어디에서나 환한 미소와 친근함으로 우리에게 다가와 주는 현지인의 따스함이 이 책 속에서 함께 느껴지리라 믿는다. 이 책이 스리랑카를 찾아 주시는 많은 독자에게 일용할 지식이 되기를 기대한다.

장병춘 KOPIA 스리랑카 센터 소장

| 이 글을 쓰면서 |

긴 세월이었다. 앞을 보고 열심히 달려왔건만 이루어 놓은 것은 아무것도 없다. 되돌아보면 미련할 정도로 뛰었을 뿐이지 목표와 방법을 정하고 요령껏 자신과 주위를 살피면서 걷지를 못했다. 인생은 속도가 아니고 방향이라 했건만! 앞으로 여생을 보다 낫게 준비하여 지금까지 못한 자아실현, 국제사회 봉사를 통한 의미 있는 삶을 조금이나마 영위해 보고 싶어 스리랑카에 왔다.

3년간의 근무에는 여러 가지 면에서 어려움이 많았다. 첫째는 혼자 생활하다 보니 식생활로 인한 건강관리 차원에서 어려움이 많았고, 둘째는 근무기관에서 할 일을 지속성 있게 발굴 추진하고 결과에 대해 인정을 받기가 쉽지 않았던 것 같다. 그 외 파견기관(KOICA; Korea International Cooperation Agency)과의 원활한 인간관계나 현지기관과의 의사소통 문제 또한 대단히 중요한 변수로 작용했던 것 같다.

3년을 무사히 마치게 된 데는 무엇보다도 KOICA의 든든한 지원, 근무기관(특히 장관)의 적극적 호응, 동료 자문단원들의 우정과 한국교민들의 따뜻한 배려 등이 있었기에 가능했을 것이다.

근무 중에는 경험과 지식을 현지기관 업무개선과 공무원 직원교육 등에 투입하면서 보람을 찾을 수 있으나, 퇴근 후에는 혼자 있는 시간이 대부분이다. 길고 외로운 시간을 의미 있게 보내는 방법의 하나로 독서와 운동을 시작했다. 독서는 책 조달에 한계가 있어 첫 한 해로 대충 마무리했고, 2년 차에는 한국에서는 거의 보지 않던 사극 드라마를 즐겼다.

1부에서는, 스리랑카에 관심 있는 여행객이나 투자자들이 알면 반드시 도움될 산 정보를 압축하고 주요관광지 여행 및 지방출장 경험들을 사진과 함께 정리했다.

2부에서는, 내가 하고 있는 업무 소개, 좋은 책을 읽은 독후감, 현지 생활을 통한 나의 삶의 성찰 및 삶에 대한 소신 그리고 놓치기 아까운 명언들을 소개하였다.

여행객, 투자자, 은퇴예정자 및 은퇴자, 관련 기관 근무자, 해외봉사를 꿈꾸는 자들에게 다소나마 도움이 되었으면 좋겠다.

그동안의 업무 성과와 보고서 및 발전계획을 취합 정리하여 책으로 만들어 KOICA와 스리랑카 공공행정 내무부(Ministry of Public Administration and Home Affairs)에 인도할 것이며, 개인적인 경험을 살린 이 책 또한 발간해 볼 생각이다.

스리랑카인들의 친절하고, 화내지 않고, 항상 먼저 웃으며 행복해하는 모습을 영원히 잊지 못할 것이다.

2014. 10. 31. 콜롬보에서

목 차

1부

2부

스리랑카 공공행정 내무부(Independence Ave. Colombo 7)

Anthurium

Part. 1
스리랑카 핵심 여행안내

스리랑카 일반 정보

사전 정보

출입국, 비자

환율, 환전

항공편

시차, 기후

국민성, 기질

현지 슈퍼마켓 등

핵심 정보

반드시 도움될 만한 식당, 민박, 호텔 정보

응급 병원

어디를 먼저 가 볼 것인가

기타

상주기관, 대표기업 및 각종 단체

Entertainment, etc.

간단한 현지어(싱할라)

스리랑카 일반 정보

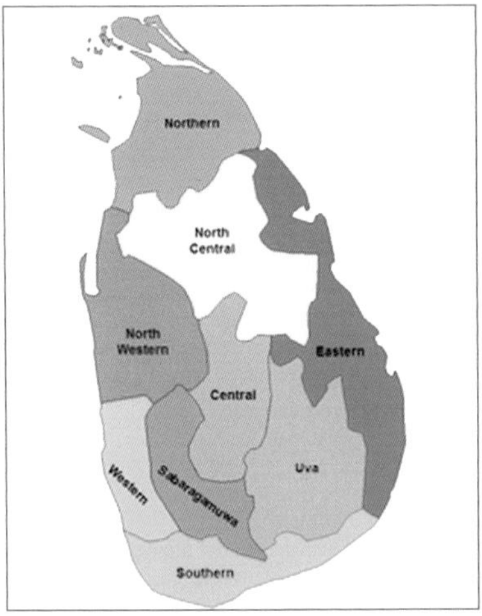

9개 Province 행정구역

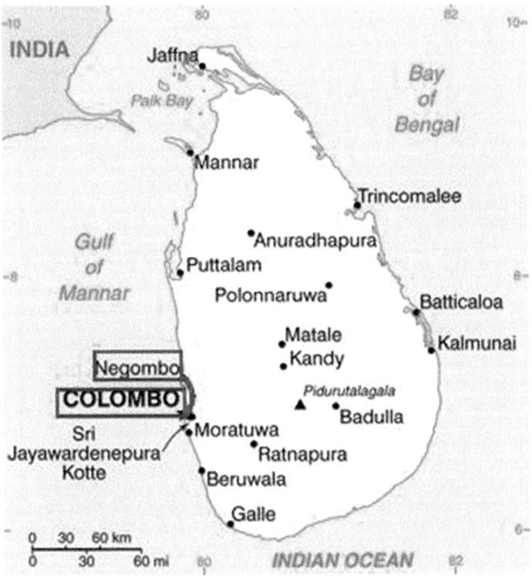

주요 도시

스리랑카는 9개의 행정 Province로 나누어져 있는 스리랑카 민주사회주의 공화국(Democratic Socialist Republic of Sri Lanka)으로 인도 남동부 인도양에 위치한 면적 약 6만 6천Km^2로 한반도의 1/3 정도이고, 인구는 2,100만의 열대몬순기후의 섬나라이다. 입법 사법수도는 스리자야와데나푸라 코테(Sri Jayawardenapura Kotte)이나 실질적 행정수도는 Colombo이다.

싱할라 및 타밀어(국어), 영어(상용어) 3개 공용언어를 사용하며

70% 이상이 불교 신자이며 힌두교, 이슬람교, 기독교 순으로 되어있다. 또한, 1948. 2. 4. 영국으로부터 독립하였고, 이원집정부제로 대통령은 Mahinda Rajapacksa(2010~2016, * 2015. 1. 8. 대통령 조기 선거를 실시하기로 함)이고 정부 부처가 거의 66개에 달하며 대부분의 장관은 국회의원을 겸하고 있으며, 장관은 결재를 하지 않고 실질적인 행정 책임은 Secretary가 지는 형태이다.

국회 의석은 225석으로 집권여당인 UPFA(United People's Freedom Alliance; SLFP 등 12개 정당 연합) 160석, UNP 43석, ITAK 13(Tamil 당), JVP 등 사회성향 당 8, 기타(CF) 1로 되어 있다. 정부 성향은 과거 사회주의의 흔적이 그대로 남아있다. 무상 교육, 무상 의료, 공공요금의 저렴 함 등이 이를 설명해 준다. 그러나 지금은 시장 개방, 3권 분립 등 자본주의와 민주주의 정책을 시행하고 있다.

스리랑카에는 한국교민 등 체류자는 약 800명, 한국 내 스리랑카인 체류 근로자는 약 25,000명 이상이다.

전국 행정구역은 9개 주(province), 25개 District, 332개의 Division, 14,000여 개 Village로 되어 있으며, 중앙 부처 조직체계를 보면 Minister-Secretary-Additional Secretary/Director General-Senior Assistant Secretary/Director-Assistant Secretary- Officer로 되어 있다.

사전 정보

– 출입국, 비자

스리랑카는 ETA(Electronic Travel Authorization)라는 Online Visa Service를 통한 사전 비자 신청이 의무이다. 한국인의 경우 비자 수수료는 30불이며 www.eta.gov.lk를 통하여 하면 된다. 영주권 제도가 없어 장기체류자는 매년 거주 비자를 발급받아야 한다(수수료 20,000루피).

* 자세한 정보: www.immigration.gov.lk

– 환율, 환전

화폐단위는 스리랑카 루피(LKR)이며 환율은 1불당 130루피 정도 선에서 유지되고 있다. 환전은 은행에서 가능하며 호텔이나 식당에서는 되더라도 환율이 좋지 않다. 스리랑카에는 국가 차원에서 달러 인출을 규제한다. 외국으로 출장할 경우 항공권을 제시하고 달러를 인출하거나 현지화를 달러화로 환전할 경우 은행에서는 HSBC 은행은 2,500불(Standard Chartered 은행은 5,000불)까지 가능하다고 하나 출장일수에 따라 변한다고 한다. 국내 송금은 건당 30불의 송금

수수료가 발생한다.

– 항공편

대한항공 주 3회(월, 수, 토) 23:40 인천발, 익일 04:20 스리랑카 콜롬보 도착하며, 역시 주 3회(화, 목, 일) 콜롬보 19:00 발, 익일 07:00 인천 공항 도착으로 8시간 이상 소요된다. 이 노선은 콜롬보를 경유하여 인천과 몰디브를 왕복하는 노선이다. 그 외 싱가포르 항공, 말레이시아 항공, 타이 항공, 홍콩 항공 등 많은 노선이 운항되고 있으나 모두가 자국을 경유하여 평균 12~15시간이 소요되고 불편하다. 말레이 항공의 경우 쿠알라룸푸르에서 장시간 대기 시 호텔을 제공하기도 하고, 홍콩항공은 중간에 홍콩과 싱가포르 두 곳을 경유하여 시간이 상당히 많이 걸린다. 항공료는 대한항공에 비해 저렴하다.

– 시차, 기후

스리랑카는 한국보다 3시간 30분 늦다. 관공서 근무시간은 09:00~16:30(월~금), 일반 기업은 08:00~17:00(단, 토 08:00~13:00)이며, 은행은 근무시간이 09:00~15:00(월~금)이므로 주의하여야 실수를 하지 않는다.

적도에 가까워 고온다습하며 연평균강우량은 콜롬보가 2,400mm 정도이며 연평균기온은 27도이다. 스리랑카에서는 기후변화에 대한 기초를 알 필요가 있다. 천둥 번개로 인해 사망사고가 연간 50~60명씩 발생하기 때문이다. 기후변화를 크게 4기로 구분할 수 있다.

1st inter-monsoon(3월~4월), south-west monsoon(5월~9월), 2nd inter-monsoon(10월~11월), north-east monsoon(12월~2월)이 그것이다. 3~4월에 오는 비가 전체 비중에서 조금 떨어지고 나머지는 1년 내내 비가 온다. 4월과 10월~11월에 천둥 번개가 많고 하루 중에는 오후 3시~6시에 비가 집중된다. 중요한 정보이며 그 시간대에는 외출을 삼가는 것이 좋다. 3월과 4월(특히, 4월 10일 전후 약 10일간은 태양과의 거리가 가장 가깝다고 함)은 무척 더우므로 참고하면 좋다.

– 국민성, 기질

스리랑카 국민의 행복지수는 세계에서 상위권에 속한다고 한다. 토, 일요일은 기본적으로 쉬고, 매월 한 번씩 보름날(Full Moon Poya day)도 쉰다. Poya day는 한국 보름날과 같은 날이나 연간 2~3번은 시차로 인해 날짜 차이를 보인다. 이날은 모든 곳에서 술은 팔지 않는다.

열심히 일하지는 않는다. 공공기관에서는 야근하는 사람들을 보기 어렵다. 연간 법정 휴가도 공공기관은 45일 사기업은 41일이라고 한다. 1주일에 거의 하루를 휴가로 사용할 수 있는 셈이다. 업무에 대한 강한 의욕이나 목표달성을 위해 노력하는 모습을 보기는 쉽지 않다. 직위가 높은 간부급들은 퇴근을 늦게 하는 경향은 있다. 공공기관은 목표관리 시스템이나 권한 위임제도는 없다고 보면 맞을 것이다.

하나부터 열까지 모든 것을 챙기고 결재하는 상급 관리자는 상당히 유능한 자이며 또 그렇게 하는 데 대한 대단한 자부심을 느끼는 모습을 볼 수 있다. 업무에 대한 특별한 의욕이 없으니 자발적으로 업무를 추진하려고 하지 않는다. 성과급제도나 보상제도가 없기 때문에 더욱 그럴 것이다.

화를 잘 내지 않는다. 급한 것이 없으니 화를 낼 일도 없을 것이다. 시간개념이 없으며 약속을 거의 잘 지키지 않는다. 10분 늦는다고 하면 1시간이 보통이다. 현지인과 일하면서 제일 적응하기 힘든 것이 시간 약속에 대한 부분이다. 화를 내면 오히려 왜 그러느냐는 식으로 바라본다. 3년 후 내 모습이 그렇게 변해 있으면 어떻게 할까 하는 걱정도 해 본다.

온순하고 친절하다. 행복해 보인다. 뭐든지 할 수 있다고 하며 답은 항상 '예스'이다. 끝에 가보면 모르는데 일단 안다고 한다. 아마도 모른다고 하면 미안한 마음이 드는 것 같아 우선 상대방을 편하게 해주려고 하는 것 같다. 확인 또 확인을 반드시 해야 한다.

규정과 절차를 중시하고 상사의 명령에는 절대적이다. 융통성이 없는 것이다. 안 되는 것은 사소한 것이라도 안 된다. 아마 오랜 식민지 문화 영향에서 오는 것이 아닌가 생각한다. 국립 병원, 국립 대학 모든 곳은 무료이다.

사람들은 스리랑카를 요상하게 아름다운 나라라고 하며 우연히 한 번 스리랑카에 발 디딘 사람들 대부분이 장기체류자가 되었다고 한다.

– 현지 슈퍼마켓 등

구 분	위치, 분포	취급 품목
Kollupitiya 마켓	Galle Road 중간위치	종합 시장
Odel 백화점	전국망이나 시내 중심이 좋음	고급용품
Arpico 슈퍼	시내 2~3곳, 지방	대형 종합매장
Keels 슈퍼	전국망	중형 매장
Food city 슈퍼	전국망(가장 많음)	식료품 위주
CIC	시내 분포	유기농 과일, 야채

* 상기 외에도 있으나 대표적인 것을 정리하였음

핵심 정보

– 반드시 도움이 될 만한 식당, 민박, 호텔정보

구 분	상 호	전화번호	이메일/특징	주 소
한식당	한국관	94–11–258–7961	콜롬보 대표 한국식당	25, Havelock Road, Col.5
	경복궁	94–11–533–4222	Juliana Hotel 내 위치 (거의 종일 영업)	316, Galle Road, Col. 3
	KB–Q	94–11–288–3060	치킨, 짜장면 등	
Guest house	Colombo Casa	94–770–770850 070–8227–4900	cafe.naver.com/colombocasa	985/16, Diyawanna Place, Rajagiriya, Colombo, SL
	태경이네	94–777–603388 070–4696–7968	baewr416@naver.com 94–77–768–1118	6/6 Prince Alfred Tower Alfred House Col. 3
	아연이네	94–711–800874 070–8654–3859	www.colombogo.com	251/10, Kirula Road, Narahenpita, Col. 5
	미리네 하우스	94–771–262713 070–4384–3628	mirinaehouse@naver.com	600/3 Nawala Road, Najagiriya, Sri Lanka

Guest house	오여사 민박 (Guest House 11)	94-771-870485 070-8248-6114	http://cafe.daum.net/ohlee537	No.11 Gunarathne Mw. Thimbirigasyaya Rd, Col. 5.
중식당	Peach Valley	94-11-267-2888		27, Flower Road, Col. 7
	88 Chinese Restaurant	94-11-2593017	한국인이 선호	98,Havelock Road, Col. 5
	Great Wall	94-11-2508555	현지인 운영	491,Galle Road, Col. 3
	Xilaton	94-11-235-1425	한국인이 선호	126 Havelock Road, Col.5
	Shanghai Terrace	94-112-88-878	www.shanghai-terrace.com	811 Etul Kotte Road, SL
	Min Han Rest.	94-11-257-6533	작지만 음식 맛이 좋음	14, Deanston Place, Col. 3
일식당	Nihonbashi	94-11-232-3847	고급 일식	11, Galle Road Col. 3
	Ginza	94-11-286-3863	www.watersedge.lk	Waters edge, Ethul Kotte
이태리	Il Ponte Ristorante	94-11-254-4644		Hilton Hotel Colombo
	Bay Leaf	94-11-2695920	www.harposonline.com	79, Gregory's Road, Col. 7
	Pranco	94-11-286-3863	www.watersedge.lk	Waters edge, Ethul Kotte
현지식	Raja Bojun	94-11-4716171	현지식 뷔페	Libert Arcade 282 De Mel Mw. Col. 3

현지식	Curry Leaf	94-11-254-4644	호텔 내 위치	Hilton Colombo, Col. 1
인도식	Mango Tree	94-11-7620620		82, Dharmapala, Col.
태국식	Siam House	94-112-595966	www.siamhouse.lk	
독일식	Barvarian	94-11-2421577	독일식 맥주 식당	11. Galle Face Court, Col.3
	Flag & Whistle	94-11-248-5500	www.setmil.com.lk/reataurant 독일식 맥주 식당	256, Setmil BD. Srimath Ramanathan Col.15
기 타	Dutch Hospital	94-11-2434-946	다양한 먹거리와 쇼핑 타운	Galle Fort Caf□(Harpos)
	Cricket Club		맥주 클럽	
	Bare Foot		쇼핑과 간단한 식사 가능	704, Galle Road
호 텔	Hilton Colombo (5 star)	94-11-254-4644 94-11-254-4657	Hilton@srilanka.net	2, Sir Chithampalam A, Gardiner Mawatha, Col 1
	Cinnamon Grand /Lakeside(5 star)	94-11-243-7437 94-11-244-9280	www.cinnamonhotels.com	77, Galle Road Col. 3
	Galle Face (4 star)	94-11-254-1010-6	www.gallefacehotel.com (오래된 유럽풍 호텔)	2, kollupitiya, Col. 3

호 텔	Galadari(5 star)	94-11-254-4544	www.galadarihotel.lk	64, lotus Road, Col. 1
	Jetwing Hotel	94-66-4923584	www.jetwinghotels.com 당일 휴양코스로 최적	Negombo 등
한국슈퍼	하나마트	077-794-3000		Kollupitiya Market 근처

* 호텔정보는 특급호텔을 기준으로 하였음.

* 호텔을 제외한 콜롬보식당 대부분은 오전 시간과 14:00~18:00 사이에는 영업하지 않음.

* 게스트 하우스에서는 예약 식사손님을 받는 곳도 있음.

- 응급 사립병원

병 원	전 화	주 소	비 고
Asiri Hospital	011-4523300	181, Kirula Road, Col. 05	일반 내과 좋음
Asiri Surgical	011-452-4400	21, Kirimandala Mw. Narahenpita, Col. 05	
Lanka Hospital	011-4513054	578, Elvitigala Mawatha, Narahenpita, Col. 05	
Nawaloka	011-254-4444/7	23, Saugathodaya Mawatha, Col. 02	

* 한국인들이 선호하는 병원 4곳이며, 현지 병원은 진료기록을 보관하지 않는다.

– 어디를 먼저 가볼 것인가

추천 순위	가볼 만한 곳	거리, 시간 (Km/자동차)	추천 교통수단	볼 만한 곳
1	콜롬보 근교		택시 (기본 Rs.230), 뚝뚝이 (기본 Rs50)	①Jet-wing Lagoon Hotel(당일 코스) ②Mt. Lavinia 호텔 ③골 페이스 호텔 sunset ④쇼핑: Dutch Hospital, Barefoot, Odel 백화점 ⑤로얄 골프클럽
2	시기리야 (Sigiriya)	북동, 178Km 4시간	자동차 새벽 출발	사자 바위(Lion Rock): 2시간 소요, 햇빛 주의
3	골(Galle), 히카두와	남쪽, 119Km 2시간 30분	자동차, 버스 동해선 기차	골 포트, 식당거리, 해변 저녁노을 및 수상 스포츠(히카두와)
4	캔디 (Kandy)	북동, 120Km 3시간	자동차, 버스	페라헤라(Perahera) 축제(8월에 한함) 불치사(Tooth Relics Temple) 페르데니아 식물원, 골프장
5	누와 엘리야 (Nuwara Eliya)	동쪽, 162km 5시간	자동차, (1등석) 기차	Tea Field/ Factory, Horton Plain(world end), 하쿠갈라 식물원, 골프장, 그랜드호텔
6	아누라다푸라 (Anura dapura)	북쪽, 211Km 5시간	자동차	절, 유적지
7	트린코말레 (Trinco malee)	북동, 270Km 6시간	자동차	해변

8	자프나 (Jaffna)	최북단, 363Km 8~9시간	항공	절, 해변
9	Sri Pada Adam's Peak	동쪽, 142Km 5시간	자동차	성지순례지, 12월~5월 개방
10	Singharaja	남쪽, 100Km	자동차	원시림 정글
11	Hambantota, Matara	남쪽, 233Km 4시간	동해선 기차, 자동차	해변, 항구도시, 쓰나미 온 곳
12	Blue Water Hotel	남쪽, 32km 1시간	자동차	해변 리조트
13	Yala 국립공 원	남동쪽, 300Km 5시간	자동차	Safari 관광
14	골프장	콜롬보, 캔디, 누와라 엘리야, 트린코말레(9홀)에 있음, 남부지방 2곳 신규 건설 중.		

* 자세한 안내는 제2장(잊지 못할 Ceylon 경험들)에 있음.

기타

– 상주기관, 대표기업 및 각종 단체

구 분	대 표	전 화	주 소
대사관	장원삼 대사	94-11-269-9036	98 Dharmapala Mw. Col. 7, SL
KOICA	조규찬 소장	94-11-266-7969	Korea ODA Center 9/2 Dudley Senanayake Mawatha Col. 8
KOTRA	고원철 관장	94-11-259-7494	443 1st Floor, Galle Road, Colombo 3, Sri Lanka
KOPIA	장병춘 소장	94-71-429-3084	KOPIA Center, Horticulture Crops R&D Ins. Gannoruwa, Peradeniya
EXIM Bank (EDCF)	황선명 소장	94-77-781-1526	Korea ODA Center 9/2 Dudley Senanayake Mawatha Col. 8
EPS/HRDS Korea	정호진 센터장	94-773-640-981	171-4, Main Street, Battramulla
대한항공	한욱환 지점장	94-11-233-5430	07-01, East Tower, World Trade Center, Col. 1
삼성전자 (India PVT. Ltd.)	장현기 부장	94-11-442-6300	7th Fl. Mclarens Bldg. 123, Bauddhaloka Mw. Col. 4
삼성SDS	박범진 팀장	94-770-756-237	
현대건설	박옥영 소장	94-11-574-8201	P.O. Box, 1831, SLPA, Col. 01, SL

코오롱	윤종우 소장	94-47-222-5011	129/1/3, Jayantha Brothers BLDG Tangalle Road, Ambalantota, SL
경남기업	김도희 소장	94-11-287-6001	815, Ew Perera Mw. Etul Kotte Sri Jayawadenepura, SL
그외 60여 개 기업		077-731-1567	www.kotra.or.kr 참고
평화통일 자문 회의	엄경호 회장	94-72-224-9457	
한인회	송정도 회장	94-11-533-4222	Juliana Hotel, Galle Road
한경회	정연국 회장	077-731-1567	ykchung@sltnet.lk
한인학교	전병권 교장	077-914-8600	
한인교회	최도식 목사	077-735-2224	
사목회(천주교)	이윤성 회장	077-367-9862	
사해 사	경문스님	94-11-288-4360	40/31, Lake Drive, Rajagiriya, SL
한인골프 회	엄경호 회장	94-72-224-9457	

– Entertainment, etc.

콜롬보에는 4~5곳의 카지노가 상당히 성행하고 있고, 한국식 및 중국식 가라오케, 호텔 바, 와인 라운지 및 나이트클럽 등이 있다. 또한, 마사지 업소도 있는데 Dutch Hospital 내의 Spa 마사지는 깨끗해서 얼굴이나 발 마사지를 받으면 좋다. 비용은 1,000~2,000루피 정도이다.

또한, 이와는 별도로 시내 곳곳에 Pizza Hut, Macdonald, Burger King, KFC 매장이 있고 가격은 한국과 비슷하다. 알코올류는 일반 슈퍼에서는 취급하지 않고 지정 '와인 스토어'나 허가된 몇몇 큰 슈퍼에서만 취급한다. 담배 한 갑의 가격은 600~700루피라고 한다.

택시는 콜롬보 시내에 중소업체가 몇 개 있으나 캥거루 택시(Tel. 011-258-8588, 기본요금 230루피)를 이용하는 것이 가장 좋고 뚝뚝이(Three wheeler, 기본요금 50루피)는 반드시 미터기가 부착된 것을 이용하는 것이 논쟁을 없앨 수 있다. 운전대가 오른쪽에 있으며 횡단보도에서는 조심하여야 한다.

– 간단한 현지어(싱할라)

일상생활에서 기본 현지어를 사용하면, 상대가 가볍게 대하지 못하고(특히, 택시나 뚝뚝이 이용 시), 쉽게 친해지기에 가장 좋은 수단이며, 생활에 많은 좋은 변화가 생길 것이다. 쉽게 외워지지가 않으므로 생활에 꼭 필요하다고 생각되는 가장 기본적인 몇 가지를 정리해 본다.

• 대화 용어

아유보완. (안녕하세요.)

마게 나머 지영. (제 이름은 지영입니다.)

하무워머 사뚜딱. (만나서 반가워요.)

오바워 하무워머 사뚜딱. (당신을 만나서 반가워요.)

마땂 거닥 사뚜뚜이. (저도 너무 기뻐요.)

안두나개니머 사뚜딱. (알게 되어서 참 기뻐요.)

오야게 나머 모깟더? (성함이 어떻게 되십니까?)

할로, 고닥 깔러여낀, 꼬호머더? (안녕, 오랜만이에요, 어떻게 지내세요?)

마머 호딘 인너와, 오야? (저는 잘 지내요, 당신은요?)

마맛 고닥 혼딘 인너와. (저도 아주 잘 지내요.)

• 인사말

수버 우대사낙. (좋은 아침입니다.)

수버 샌대왁. (좋은 오후입니다.)

꼬호머더? (어떻게 지내세요?)

혼다이. (잘 지내요, 좋아요.)

혼다 네. (좋지 않다.) → '네'는 부정(no), '오우'는 긍정(yes)임.

스뚜띠이. (감사합니다.)

고닥 스뚜띠이. (대단히 감사합니다.)

기힌 엔남. (안녕히 계세요.)

기힌 엔너. (안녕히 가세요.)

내워떠 하무웨무. (또 만나요.)

- 전화하기

헬로 까우더 까따 꺼란네? (여보세요, 누구세요?)

마머 지영, 지훈 인너와더? (저는 지영이예요, 지훈있어요?)

오우 인너와, 뽀닥 인너. (네 있어요, 조금만 기다려요).

하이 지영, 꼬호머더? (안녕 지영, 잘 있어?)

혼딘 인너와 오야? (잘 있어, 너는?)

마맛 혼딘 인너와. (나도 잘 있어.)

- 수(생활에 필요함)

1	에꺼	2	데꺼	3	뚜너
4	하떠러	5	빠하	6	하여
7	하떠	8	아떠	9	나워여
10	다하여	100	씨여	1000	다하

- 방향(택시나 뚝뚝이 이용 시 유용함)

야무. (갑시다.)

껠린머 얀너. (직진하세요.)

와머떠 해런너. (좌회전하세요.)

다꾸너떠 해런너. (우회전하세요.)

빳써떠 얀너. (뒤로 가세요.)

- 기타

마머(나), 오야(너), 얄~루와(친구)

형(아이야), 동생(말리)

아까(언니), 낭기(여동생), 하리(오케이, 좋아)

야너와(가다), 에너와(오다), 마머 야너와. (나는 갑니다.)

Ground Orchid

Part. 2
잊지 못할 Ceylon 경험들

만감이 교차하는 출국 결심

2012. 02. 02.

스리랑카 오기로 코이카 면접이 거의 통과되고 출국 전까지 한두 달의 시간적 여유가 있었다. 서울의 큰 서점 몇 군데를 들렀지만, 스리랑카에 관한 책을 찾기가 쉽지 않았다. 인터넷 조회나 해당국 대사관 홈페이지를 방문하여 일반적인 정보를 구할 수밖에 없었다. 그래서 국민의 70% 정도가 불교를 믿는 스리랑카를 조금이라도 이해를 하고 상식도 넓힐 겸 불교 관련 서적 두 권을 사서 보았다.

『마음부처와 함께 살아라』와 '반야심경'에 관한 책이었다. 반야심경에 관한 책은 반야심경이 무엇인가를 이해하는데 도움이 되었고, 『마음부처와 함께 살아라』는 혜국 스님이 쓴 글로써 혼자서 이곳 스리랑카로 오는 나에게 많은 것을 생각하고 마음을 정리하도록 하였다. 잠시 그 내용의 일부를 소개하고자 한다.

이 보게, 병 친구. 내 몸 안에서 푹 쉬고 가게나. 내가 받아야 할 것이라면 당연히 받겠네. 몸뚱이가 괴로운 그때가 영혼에게는 상당히 좋은 농사를 짓는 시간입니다. 큰 시련이 우리 앞에 왔다 갈 때는 결코 그냥 가는 법이 없습니다. 경험과 지혜, 그리고 겸손이라는 큰 선물을 주고 갑니다.

이 글은 「병 받아들이기 편」에 있으며 모든 환경이 다른 먼 곳으로 오는 나에게 미래의 병과 예기치 못한 육체적 고통에 대한 마음의 준비를 할 수 있도록 한 좋은 글인 것 같다. 특히, 육체가 고통을 당할 때 영혼은 농사를 짓는다는 구절이 와 닿는다.

남편 아내는 전생에 맺은 업으로 인해 서로 주고받을 것이 있는 두 사람이 만나, 지금 그 빚을 해결하는 관계이다.

「부부 인연 가꾸기 편」의 글이다. 열심히 빚을 해결하도록 노력하겠다.

부처님은 자기의 갈 길을 안다. 저 아이도 부처이니 머지않아 바른길로 나아가리라. 지금 내가 주의할 점은 내 자식이 내 마음에 맞기를 바라서는 안 된다는 것이다. 저 아이도 불성을 가진 부처 종자인데, 어찌 서로가 믿지 않을 것인가? 저 아이가 방황하는 구름에 가려서 태양이 보이지 않는 것이지, 분명 저이의 마음에도 부처님이 들어앉아 계신다.

저 아이도 언젠가는 부처님이 될 사람인데 내 마음대로 될 턱이 없다. 부처님은 부처님의 길로 가는 거다. 너는 너의 길이 있으니 그 길로 가봐라. 부모인 내가 도와주마.

「자녀 살리기 편」의 글이다. 생각해볼 부분이다. 나는 아직 이 부분을 수용하기에는 그릇이 안 되는 것 같다. 그러나 노력은 분명히 할 것이다.

내가 이 책을 읽지 않고 출국을 했더라면 얼마나 많은 번뇌를 간직한 채 스리랑카에서 생활하고 있었을까? 아내에 대한 이런저런 생각들, 자식에 대한 고민 등 모두를 어정쩡하게 지니고 다니지 않았을까. 이 책은 여러 가지 문제로 출국 여부를 고민하던 나에게 결국 손을 들어준 것이다. 아니 출국을 이미 결심하고 그것을 합리화하려는 나의 욕심이라고 하는 편이 맞을 것이다. 스리랑카에 관한 정보나 책의 필요성을 이때 비로소 느끼게 되었다.

두 달 만에 이사를 하다

2012. 03. 06.

처음 살던 아파트는 월 임대료 600달러였다. 처음 와서 잘 모르고 달러베이스 계약을 했는데 하루가 무섭게 달러가 올라 마침내 1달러:130루피까지 상승하였다. 즉, 월 임대료가 78,000루피가 된 것이다. 그래서 비슷한 임대료의 여러 가지 생활여건이 월등히 좋은 곳으로 이사하게 되었다. 지금 이사한 곳은 월 80,000루피다. 월세로 있다가 10개월 치 선불 조건으로 바뀐 것이다.

콜롬보에서 운동시설(체육관, 수영장 등)이 구비된 일반 서민숙소를 구하기는 쉽지 않은 것 같다. 근처에 그런 시설이 있는 숙소를 찾기도 쉽지 않았고, 간혹 있더라도 시설 이용료가 제법 비쌌다.

고심 끝에 '로얄파크'를 선택했다. 물론 여기에는 수영장, 체육시설, 테니스코트 등 시설이 갖추어져 있다. 무엇보다도 좋은 점은 슈퍼, 세탁소, 식당이 있다는 것이다. 그러나 혼자서 이렇게 좋은 곳에 있어야만 하는가 하는 생각도 한다. 처음 여기 단신 부임할 당시에는 최대한 검소한 생활을 하기로 결심한 바 있기 때문이다.

콜롬보에 기거하는 한국인들의 숙소는 대개 아파트, 단독 주택, 빌라로 대분 되고 있다. 아파트는 위치에 따라 다소의 차이가 있으나 월

60,000루피에서 120,000루피 사이가 대부분이었다. 물론 그 이하부터 그 이상까지 천차만별이지만 대개는 이 범주 안에 든다고 보면 크게 틀리지 않는다.

그리고 대개는 1년 치 선납에 1개월 치 예치조건이 붙는 것이 대부분이다. 간혹 6개월, 3개월 선납도 있다고 한다. 1개월 예치 분은 계약만료 시에 주택에 하자가 없는 한 돌려준다는 조건으로 예치하는 것이다. 즉, 하자가 있을 시를 대비한 예치금이다. 단독주택은 다소 저렴한데 약간 외각지대로 나가야 되고 교통이 문제가 된다. 그리고 뱀, 벌레, 모기 등을 감안해야 된다. 빌라는 상당히 고가인 것 같다. 이곳 로얄파크는 경남기업이 지은 아파트인데 현재 한국인이 가장 많이 사는 곳으로 알려져있다. 시설이 깨끗하고 보안 시스템이 좋은 편이다.

로얄 파크 아파트(2012. 03. 06 ~ 2015. 01. 04.)

현지인 파트너를 초대하다

2012. 03. 28.

기관에서 근무한 지 3개월 동안 기관의 장(DG: Director General)과는 한 번도 식사를 한 적이 없었는데 지난 주말에 내가 아파트로 초대하였다. 물론 그 전에 두세 번 식사를 하자고 제의를 했는데 불분명하고 모호한 답변으로 일관해왔었다. 식사를 하고 대화를 나누는 것을 싫어하는 것은 아니었는데, 시원한 대답을 보류해 왔었다.

지난주 내가 업무차 그의 사무실을 방문하여 이루어진 약속이었다. 그것도 며칠 날 나에게 전화를 주기로 했는데 연락이 없어서 다시 내가 먼저 연락을 하여 성사가 된 것이다. 자존심이 좀 상하기는 했지만, 우선 내가 근무하는 기관의 장이고 또 앞으로 유대관계를 생각하여 적극적으로 대처하기로 한 것이다.

솔직히 말하면 평소 만나는 사람이 많지 않고 외로움을 느낄 때면 누구든 시간을 내어 주는 것만으로 고마울 때가 있다. 근무처의 기관장과는 그동안 업무적 만남이 두 번에 불과했다.

나는 좀 일찍 퇴근을 해서 먹을 음식들을 준비했다. 고기와 술, 그리고 야채와 과일 등. 내 카운터파트와 그는 6시 정도에 오겠다고 했다. 퇴근 시각이 4시 30분인 것을 감안하면 늦은 편이었다. 시간이 좀 지나서 7시쯤 온다고 전화가 왔다.

그러나 그들은 8시가 거의 돼서 왔다. 그것도 2명이 아니고 5명이었다. 물론 전화로 5명이라고는 했는데 크게 상관이 없는 다른 부서 여직원 1명과 그의 아들이 있으리라고는 생각을 못했다.

나는 당황스러웠다. 그리고 그들은 업무에 관련된 대화나 앞으로의 생각 등 관심사에 관해 대화를 나누지 않고 자기들만의 일반적인 대화를 하고 있었다. 영어가 통하지 않는 사람이 3명이나 돼서 자기들끼리 대화를 나누기에 여념이 없어 보였다. 초대를 하고도 썩 기분이 좋지는 않았다. 그들은 식사를 하며 크게 재미있게 놀거나 유쾌한 대화를 많이 나누지도 않고 밋밋하게 놀다가 돌아갔다.

나의 파트너는 DG(자기 상사)의 처신이 이해가 되지 않는다고 했다. 그는 대학에서 강의를 하다 계약직으로 현재 기관에 근무를 하고 있으며 머지않아 학교로 돌아갈 것이라고 모두들 얘기를 했다.

스리랑카인들은 약속에 대한 시간개념이 부족하다. 그러나 나는 그들을 이해하려고 노력한다. 업무처리 과정에서 답답하고 화날 때가 많다. 그러나 절대로 화를 내서는 안 된다. 조심해야 할 부분이다.

교포로부터 김치를

2012. 04. 01.

한국에서 출국 시 수화물 무게 초과로 당초 가져오고자 했던 책 대부분과 김치는 제외되었다. 그리고 얼마 전 EMS로 김치를 조금 보내왔으나 모두 다 먹었다. 한국식당이나 슈퍼에서 가끔 사서 먹었으나 맛도 별로 없고 가격도 한 봉지에 1,000루피로 제법 비쌌다.

그런데 고마운 교포 한 분이 있다. 어제 김치를 만들어서 나에게 가져온 것이다. 콜롬보에서 사업을 하는 분인데 골프장에서 알게 되었고 그 전에 자문단원 윤 선생을 통해서 절에서 한 번 만난 적이 있는 분이다. 부인은 며칠간 무역박람회에서 영어 통역 자원봉사로 근무하였고 윤 선생과는 이미 알고 있는 사이였다. 지난번에도 깍두기 김치를 윤 선생을 통해서 전달받은 적이 있었다. 조만간 한번 만나 인사를 나눌 예정이다. 나, 윤 선생, 김 선생 모두에게 김치를 나누어 주었다고 한다.

봉사단원들은 대부분 직접 김치를 담아 먹는다고 한다. 자문단원들은 사 먹거나 담아 먹는 편이다. 혼자 여기서 생활하는 우리 자문단원에게 김치는 김치 이상의 의미가 있다. 받는 사람 입장에서는 여간 고마운 일이 아닐 수 없다. 봉사정신이 없다면 김치를 만들어 남들에게 나누어 주는 것은 불가능할 것이다. 그리고 부지런하지 않고서는 안될 것이다. 남을 위한 봉사, 부지런함 모두가 가장 아름답고 훌륭한 미덕이 아닌가?

출국 전 나도 부지런히 열심히 남을 위해 의미 있는 삶을 살기로 마음을 가다듬지 않았던가!

그저께는 근무 3개월 중간보고서를 코이카에 제출하였다. 그리고 저녁에는 한국 해외농업기술개발센터(KOPIA: Korea Project On International Agriculture)에서 파견 나오신 장병춘 박사와 그 소속 인턴직원 5명의 저녁 식사 초대를 받았다. 물론 우리 자문단원 5명이 참석하였다. 한국 농업기술의 위치를 짐작해 볼 수 있는 의미 있는 자리였다.

5명의 한국 대학생과 대학원 졸업생들이 자꾸만 생각이 난다. 치열한 경쟁을 뚫고 멀리 외국까지 와서 한 학기를 이수하면서 모든 생활비 외에 월 1,000불~1,300불 정도의 보수도 받는다고 했다. 26, 27세의 똑똑하고 예의 바른 학생들. 남학생 2명과 여학생 3명이었다. 전북대생 1명, 중앙대생 1명, 충남대생 2명, 서울대 대학원 졸업생 1명이었다. 나의 아들도 그들과 같은 나이다. 지금 뭘 하고 있을까!

시기리야(Sigiriya), 꼭 가자!

2012. 04. 07.

가족 방문 시(사자 바위 입구, 2014. 02.)

사자 바위 오르는 계단(2014. 02.)

스리랑카에 관한 어디를 보아도 시기리야는 빠지지 않는다. 콜롬보에서 북동쪽으로 163km 거리에 있으며, 꾸르네갈라(Kurunegala), 담불라(Dambulla)를 거쳐 약 4시간 정도 걸려 도착했다. 도착한 곳은 정확히 시기리야에서 멀지 않은 곳에 있는 케키라와(Kekirawa)라는 지역이었다. 이곳 스리랑카는 도로사정과 교통이 좋지 않아서 한국의 두 세배 정도를 이동 소요시간으로 보면 이해가 쉬울 것이다.

절에 다니는 여자 신도(나에게 김치를 담아준 교포)로부터 5일

저녁에 1박 2일 여행 제의가 들어왔고 특별한 계획도 없고 해서 수용을 하여 성사가 된 것이다. 멤버는 여승 3분과 여신도 서너 분이었다. 쿠르네갈라에서 윤 선생과 합류했다.

첫날은 아우카나(Aukana), 칼라웨와(Kalawewa), Namal Uyana(나트륨 산, 도착시각이 늦어서 입장하지 못했음), 둘째 날은 시기리야(Sigiriya)와 리티갈라(Ritigala)를 돌아보았다. 숙박은 케키라와에 있는 방갈로에서 해결하였다. 방갈로 일일 사용료는 보통 1,500 루피에서 3,000 정도였다.

식사는 별도로 준비하지 않으면 현지식으로 해결해야만 한다. 우리는 반찬을 여자분들이 준비를 해 와서 훨씬 편하게 식사를 즐길 수 있었다.

시기리야 사자 바위(Lion Rock)를 오르는 중간에는 벽화들이 많고 계단은 가파르고 더워 오르기가 그리 쉽지는 않다. 가벼운 등산 정도로 생각해야 될 것이다. 고대 불교 승려들의 수련장이었다고도 한다.

전설에 의하면, '평민 어머니 밑에서 태어난 카샤파(Kasyapa)가 왕족 출신 어머니 밑에서 태어난 이복동생인 목갈라나(Moggallana)에게 왕위 승계권을 뺏길까 염려하고 질투하여, 당시 왕이었던 아버지 Kalawewa를 저수지에서 살해하였다. 그리고 이곳 꼭대기에 궁전을 세우고 동생의 보복을 피해 살다가 자살했다'는 것이다.

아우카나(Aukana)는 스리랑카의 유명한 불교 미술작품 중 하나이다. 이 불상은 5세기 왕 Dhatusena가 Kalawewa 저수지 건설을 기념하기 위해 세운 것이라고 한다. 높이 15m의 몸체는 Granite를 재료로 썼다고 한다. 1,600년 전의 작품인데 떨어져 나간 곳이나 금이 간 곳이 전혀 없다고 한다. Kekirawa에서 호수를 지나가면 멀지 않은 곳에 위치하고 있다. 맨발로 계단을 오르다 보니 발바닥을 마치 프라이팬에 달군 것 같은 느낌이었다.

스리랑카의 절이나 불상을 방문할 때면 으레 신발 양말을 벗는 것은 기본이다. 의미 있는 여행이었다. 회비는 인당 10,000루피였으며 모두 싼 편이라고 입을 모았다.

시기리야에서 1박을 하고 근처를 관광하고자 하면 Elephant Corridor 호텔이나 Jetwing Uyana 호텔을 추천하고자 한다. 외국인에게는 사자 바위 입장료를 30불 받고 현지인에게는 50루피를 받는다. 스리랑카 어디를 가더라도 외국인과 내국인에게 입장료는 현저히 차등을 둔다. 스리랑카를 방문하면 시기리야는 꼭 방문해 볼 것을 권하고 싶다.

정상에 오른 아들(2014. 02.)

사방이 성벽으로 쌓인 정상

현지인 친구의 초대를 받다

2012. 04. 08.

4월 4일은 내가 스리랑카에 온 지 3개월이 되는 날이다. 오늘은 처음으로 현지인의 초대를 받고 집을 방문하였다. 저녁 식사 초대를 받은 것이다. 지난번 현지인을 나의 아파트로 초대한 적은 한번 있으나, 내가 초대를 받은 것은 이번이 처음이다. 업무상 관련 있는 사람이 아니다. 자문단원 조 선생을 통해서 전에 한번 만나 식사를 한 적이 있는 현직 고위 경찰 간부이다.

집은 콜롬보에서 네곰보 가는 중간인데 콜롬보 방향 20km쯤에 위치하고 있었다. 조 선생과 둘이서 뚝뚝이(소형 세 발 자동차)를 타고 40분 정도 달려서 7시 30분쯤 도착하였다. 최장거리 뚝뚝이 여행이 된 셈이다.

집은 2층 복층으로 되어 있었다. 정말 멋있는 집이었다. 자기 이름을 따서 만든 'Bruno Bar'(이름은 Eric Perrera Bruno)가 있었고 세계의 유명하다는 양주는 다 모여있는 것 같았다. 운동 시설도 있었다. 큰 뱀을 기르고 있었고 독일 산 잘 길들여진 개 4마리도 우리를 반갑게 맞이해 주었다.

부인, 딸, 근처에 산다는 여동생 가족 등 7, 8명이 우리를 환대해 주었다. 양주가 나왔으며 음식은 현지식이 아닌 거의 국제식 메뉴로 제공하였다. 여기 식사 습관은 술부터 시작해서 마지막 무렵에 식사한다고 했다. 식사를 보통 9시 전후에 하게 되는 것이다. 나는 보통 6시 이전에 식사하는 습관 때문에 몹시 배가 고팠다. 그래서 양주 몇 잔에 이미 취해 버렸다. 소시지 볶음으로 안주를 하다가 아마 9시가 지나서 식사가 나온 것 같았다. 여기서는 저녁 식사에 초대를 받으면 반드시 약간의 준비를 하고 모임에 나가야 할 것이다.

우리는 술잔을 부딪치면서 두서없이 이런 저런 얘기들을 많이 나누어다. 그의 부인도 다정하고 얌전한 전형적인 스리랑카 여인이었다. 아들 둘은 외국에서 대학을 나왔고 지금은 결혼해서 두바이에서 직장생활을 한다고 했다. 그리고 한 며느리를 미국인 미녀로 얻었다고 했다.

스리랑카인은 영어권이라 국제무대에서 보다 자유롭고 자연스럽게 동화되고 생활을 즐기는 것 같다. 그 친구를 포함한 우리 셋은 모두가 동갑이었다. 조 선생 역시 딸이 지금 콜롬보에서 직장 생활을 하고 있다. 오늘 '에릭'이라는 현지인 친구의 집 방문은 좋은 경험이었고 오랫동안 기억에 남을 것 같다.

유럽풍의 도시 캔디(Kandy) 방문

2012. 04. 15.

캔디 시내의 호수
주변은 자동차가 달린다 (2012. 4. 15.)

가족과 불치사 방문(2014. 02. 06.)

4박 5일 일정으로 북동쪽 120km에 위치한 아름다운 도시 캔디를 다녀왔다. 처음에는 직장 동료인 Jayatilaka(Director인 Civil engineer)의 자기고향집 초대로 계획이 시작되었다.

13일은 스리랑카의 설날이다. 12일부터 15일까지 4일 연휴가 된 것이다. 원래는 12일 날 버스로 그의 집을 방문할 계획이었다.

그런데 11일 날 캔디로 왔으면 좋겠다는 코피아에서 캔디에 파견 나온 소장 장병춘 박사의 전화가 왔다. 인턴 직원들이 볼일이 있어서 콜롬보로 오니 그 차로 캔디에 오지 않겠느냐고?

그래서 그 차로 하루 일찍 방문하게 되었고 저녁 식사와 숙소는 장 소장께 신세를 지게 되었다. 인턴 직원 5명과 윤장원 선생, 이남열 선생, 나 그리고 장 소장 부부 모두 10명이나 되는 대가족이 중국식당에서 식사하게 되었다.

캔디에 사무소를 두고 농작물 연구개발을 지원해 주고 있는 코피아 스리랑카 대표 장 소장의 모습은 자랑스러워 보였다. 그러나 업무는 코이카의 농업 분야 중장기 자문단원의 역할과 중복되는 듯한 느낌을 받았다. 생각해 볼 부분인 것 같다.

하루는 5명이 Nuwara Eliya(누와라 엘리야)에서 골프를 즐겼다. 거기에 이르는 차 밭과 산길은 높고 웅장했다. 먼지 한 점 없는 맑은 공기와 푸른 나무 사이에서 하는 운동은 정말 좋았다.

이번 설에 Jayatilaka 집 방문은 스리랑카의 전통문화를 이해할 수 있는 절호의 기회였다. 물론 당일은 방문하지 못했으나 설 전날과 다음 날은 친척들과의 왕래하는 모습을 통해서 많은 것들을 보고 느낄 수가 있었다.

설 당일은 저녁 7시 20분에 신년의식을 행하고 10시 28분에 음식을 먹는다고 한다. 그리고 다음날은 머리에 기름을 바르며 건강을 기원하고, 3일 내내 절을 찾아 부처님께 공양을 드린다고 한다.

그의 집은 캔디 산 중턱의 좋은 위치에 있는 방 6개 3층짜리 건물이었고 본인이 직접 설계하여 지은 집이라고 자랑했다. 자동차도 4대나 있었다. 부유한 계층에 속하는 것 같았다. 저녁 식사 메뉴로는 많은 정성이 깃든 듯한 현지식이 나왔고 양주를 제공하였다. 현지인들은 술을 그다지 좋아하지 않는 것 같고 음주 자체를 다소 부정적으로 보는 견해가 있는 것 같았다. 아버지와 아들은 절대로 한 자리에서 술을 하지 않는다고 했으며 여자들도 술을 하지 않는 것 같았다.

내가 묵을 수 있는 그의 방 한 개를 보여 주었으며 마땅치 않으면 호텔에서 머물라며 호텔도 예약을 해주었다. 그러나 아쉽게도 나는 그의 집에서는 하룻밤도 잠을 잘 기회를 갖지 못했다. 하루는 호텔에서 머물고 나머지는 장 소장일행과 함께 지냈다.

장 소장 일행은 나를 혼자 있게 내버려두지 않았고 결국 며칠간을 그들과 더불어 지내게 되었다. 그러나 현지인 친구의 아들 둘은 며칠을 내가 그의 집과 장 소장 집을 오갈 수 있도록 차 편을 제공해 주었다. 큰아들은 호주에서 공부를 하였고 지금은 wedding planning 사업을 한다고 했다.

Kandy의 Jayatilaka 집 가족과 함께. 2012. 04. 12.

그는 11남매의 둘째라고 했다. 그는 나를 그의 장모, 누이, 동생 집을 차례로 데려갔다. 설 전날과 다음 날 친척 집을 방문하는 것은 관습이었다. 그의 동생이 살고 있는 산마을은 곧 그가 태어난 곳이며 지금도 많은 친척들이 그곳에 살고 있었다.

많은 사람들이 모였고 나는 그들에게 특별한 손님이었고, 그는 자랑스럽게 친척 집을 데리고 다니는 듯했다. 그들은 어른을 만나면 무릎을 땅에 꿇고 절을 했으며 많은 음식과 먹거리로 환대해 주었다. 많은 기념사진도 찍었다. 그들은 그것을 좋아했다. 우리가 떠날 때는 눈물을 흘렸다. 그는 교육을 잘 받은 집안 출신이며 점잖은 직장 친구이다. 나와는 동갑이다.

캔디의 시가지는 표고 304m의 완만한 산들로 둘러싸인 좁은 분지로 자리 잡고 있다. 북에서 번성했던 싱할라 왕조가 남인도에서 건너온 침략자들에게 쫓겨 남하를 계속하다가 마지막으로 선택한 곳이 바로 이곳이다.

주위의 산들은 적의 침략을 막기에 유리하게 되어있어 영국에게 멸망하기 전까지 300년 이상 싱할라 문화의 꽃을 피웠다.

스리랑카에서 가장 아름다운 도시라고도 불리며, 차분한 도시의 분위기는 마치 이태리 한 마을을 방문한 것 같은 착각을 하게 하였다. 캔디, 아누라다푸라, 폴론나루와를 잇는 삼각형의 안쪽 지역은 세계에서도 손꼽히는 대유적군이 남아있는 땅으로 이 지역을 문화 삼각지대(Cultural Triangle)라고 부른다. 석가의 치아가 안치되어 있다는 불치사와 캔디 호수, 스리랑카 최고의 명문대로 꼽히는 페르데니아 대학 캠퍼스는 꼭 방문해 볼 것을 권하고 싶다.

여름에 행해진다는 페라헤라 축제는 화려한 코끼리 등에 불치사에 안치되어있는 불치가 들어 있는 불사리를 싣고 시가지를 2주 동안이나 행렬한다고 한다. 일 년에 한 번 이 행렬에 의해 그동안의 모든 더러움을 털고 시가지는 새로 태어난다고 한다.

방문하여 페라헤라 축제를 즐김 (2013. 8. 17.)

캔디에는 다양한 등급의 좋은 호텔들이 많다. 가족과 함께하는 모처럼의 여행이라면 개인적으로 Earl's Regency 고급호텔을 추천하고자 한다. 물론 친구들과의 배낭여행 수준이라면 또 다른 선택은 많다.

현지인을 이해해야 내가 편하다

2012. 05. 04.

– 다음 주부터 국내 몇몇 COT(College of Technology)를 방문하여 사용자 요구분석(User Requirement Analysis)을 실시할 예정이다. 이런 스케줄은 이미 오래전부터 담당자들과 합의를 하였고 또 기관장에게 보고도 한 사실이다.

그런데 출장 출발 며칠 전, 나의 파트너는 가서 무슨 일을 하느냐고 묻는다. 전산 담당 이사라는 직책에 있는 친구가 그런 질문을 한다. 그러면서 나에게 출장공문을 좀 만들어 달라고까지 했다.

요구사항을 분석해야 우리의 다음 할 일이 정의되고 그것을 토대로 프로그램 작성을 진행될 것 아니냐고 하니까 직원 2명이 너무 바쁘고 자기가 스트레스 때문에 견딜 수가 없다고 한다.

그리고 툭하면 직장을 그만두겠다고 한다. 그러면서 직원 업무조정 문제를 DG에게 얘기해서 좀 해결해 달라고 한다. 난 그 문제를 DG와 상의했고 해결해주었다. 프레젠테이션 준비과정에서 그들은 나에게 도움을 주지 않았으며 방법도 몰랐다.

– 얼마 전 콜롬보 대학에서 김재호 선생과 관련 있는 행사가 있어 낮에 외출할 기회가 있었다. 콜롬보대학 내의 위치를 잘 몰라 특정 지

역에서 안영재 선생을 만나 동행하기로 하였다. 나의 기사는 영어가 서툴러 나의 파트너를 통해 약속 장소를 설명해주도록 하였고, 내가 직접 기사에게 아느냐고 확인을 한 후 그 장소로 출발을 하였다.

얼마 후 우리는 그 근처에 도착하였다. 그런데 거의 다 온 것 같은데 갑자기 속도를 줄이고 더 이상 움직이지 않고 두리번거리는 것이었다. 기사가 길을 모르는 것이었다. 상대방 기사와 통화 후 만나도록 해주었으나 너무 늦어 결국 우리는 늦은 시각에 따로 입장하여야만 했다.

– 처음 살던 아파트에서 입주 당시 주인에게 입주 조건으로 몇 가지 부탁을 했다. 전자레인지, 방충망, 전기 코드 설치 등 몇 가지가 그것이었다. 그는 자기 직업은 의사라고 하면서 흔쾌히 나의 부탁을 들어주었고 나는 입주를 하였다.

몇 개월 후 나는 몇 가지 여건상 이사를 해야만 했고 주인은 예치금 1개월분을 돌려주겠다고 걱정하지 말라고까지 했다. 난 당연히 그래야 한다고 생각했고 그것을 고맙다고 말했다. 그런데 이사 전날 기사를 통해 보내온 예치금 중 물값과 방충망값으로 10만 원 정도(13,000루피)를 공제하고 잔액을 보내온 것이다.

그것은 나의 입주 조건이었고 적어도 공사 부탁 당시에 나에게 언급을 했어야 되는 사항인데도 그는 지금에서야 자기 편리한 대로 일방적으로 공제를 하는 것이다.

– 설 전날(4월 11일) Kandy를 방문하기로 되어 있었는데 양주 한 병이 필요했다. 와인 스토어에서 살까 하다가 직장 친한 동료가 마침

자기 집에 2~3병이 있다면서 한 병을 빌려 주겠다고 했다. 다음 날 아침에 가져오겠다고 약속을 했다. 난 고맙다고 했고 퇴근 시간에 또 한 번 더 확인까지 했다.

다음 날 아침 11시까지 그는 출근하지 않았고 나는 캔디로 출발해야 했다. 12시까지 기다리다 겨우 그를 만났고 그는 너무 바빠서 못 가져왔다고 했다. 어제 나의 파트너에게 그 사실을 전화로 통보했는데 못 들었느냐고 오히려 되물었다. 파트너가 과연 그것을 들었는지 묻고 싶지도 않았다.

약속의 중요성이나 업무에 대한 책임감에 있어서 다소 개념이 부족하지 않나 싶다. 아느냐고 질문을 하면 대부분은 일단 안다고 대답한다. 그것은 아마 성격이 착하고 모른다고 하면 상대방이 곤란해할까 봐서 우선 편하게 해주고 싶은 타고난 기질이 아닌가 생각한다.

우리도 한때 코리안 타임이 있었다. 지금 이곳은 랑카 타임이 있다. 여기서는 항상 100% 끝날 때까지 끝난 것이 아니다. 확인 또 확인만이 유일한 대안이며 화를 내서는 안 된다. 나는 아직 이곳 사람들이 화내는 모습을 한 번도 본 적이 없다. 그런 면에서는 어쩌면 우리가 배울 점이 더 많은지 모른다. 우리 한국인들, 한국 직장인들은 어떠한가?

전쟁의 흔적을 찾아 자프나(Jaffna)로

2012. 05. 19.

자프나는 콜롬보에서 370여 km 떨어져 있는 스리랑카 최북단 도시다. 도로사정이 좋지 않고 중간에 몇 곳을 들렀다 가느라 가는데 시간이 많이 걸렸다. 쉬지 않고 계속 달려도 아마 8시간 이상 소요가 될 것이다. 오랫동안 계속된 내전의 후유증을 앓고 있는 모습을 이번 자프나 여행 중 곳곳에서 볼 수 있었다.

곳곳에서 하는 도로공사는 차량 통행을 한없이 지체시켰다. 군인과 경찰들의 검문검색 모습과 도로 옆 지뢰 탐지 장면들은 불과 몇 년 전에 종식된 전쟁이 어떠했는가를 잘 설명하는 듯했다.

자프나 가는 도로변 모습(2012. 05. 16.)

스리랑카 내전은 1983년 7월부터 본격적으로 시작되어 지난 2009년까지 무려 26년간 일어났던 전쟁이며 아시아에서 가장 긴 내전이라고 한다.

다수 민족인 싱할리(Sinhalese)족과 스리랑카 북부에 주로 살면서 분리독립을 요구했던 소수의 타밀

(Tamils)족 간의 갈등이었으며 지난 2009년 타밀족의 패배로 끝나게 되었다.

스리랑카 북쪽에 위치한 아름다운 항구도시, 자프나. 고운 모래사장이 펼쳐진 해변가엔 더위를 식히는 관광객들로 넘쳐난다. 이곳은 불과 몇 년 전까지 관광객 출입이 통제된 지역이었다. 그동안 10만여 명의 생명이 사라졌고, 집을 잃은 난민만 25만 명에 달했다고 한다.

나는 자프나 COT에서, 코이카에서 기증한 학교건물을 주요 방문인사 자격으로 환대를 받으며 시찰을 했다. 원래 3층 건물을 짓기로 되어 있었는데 전쟁으로 공기가 지연되고 물가상승 등으로 원가가 올라 2층까지만 짓게 되었다고 한다.

Jaffna COT, 학장의 안내를 받으며(2012.05.16.)

건물시찰 후 Director, Deputy-Director, 관련 직원 등 30여 명과 행정업무시스템 구축에 관하여 토론회를 개최하였다. 토론회는 중구난방 식으로 진행되었고 특별한 결론은 없었지만 열띤 토론을 벌였다. 앞으로의 대화 창구, 업무요구 절차, 업무 범위 등에 대해 많은 대화를 나누었다. 그러나 동행한 파트너는 결과정리를 할 줄 몰랐다.

학교 측에서는 전산 업무개발보다는 워크숍이나 실험실 시설 확충에 더 많은 관심을 갖고 있었다. 장거리 여행에서 오는 피로 때문인지 오랫동안 회의를 하기가 힘이 들었다. 미리 준비해온 자료로 확인을 하고 향후 추진 방법을 결정하고 주요 과제의 큰 방향만 논의하는 정도로 마무리했다.

모든 도시는 규모의 차이만 있을 뿐 느낌이 비슷비슷했다. 어느 곳에서나 볼 수 있는 유명하다는 절, 정비되지 않은 도로 모습, 큰 건물은 좀처럼 보기 힘든 광경 등. 비록 업무 출장이지만 첫 방문지인 만큼 틈틈이 관광의 의미를 찾고자 했다. 인도 인접도시인 자프나 여행은 오랫동안 지속된 스리랑카 전쟁의 흔적을 맛볼 수 있는 좋은 경험이었다.

시내에 있는 유명하다는 아이스크림 가게는 저녁 늦은 시간에 director의 안내로 방문하였다. 정말 맛있고 좋은 아이스크림이었고 스리랑카에서 보기 어려운 큰 가게였다.

퇴근 후, 호텔 저녁 식사 자리에 그 director는 아락(현지 술로써 한국의 소주급에 해당) 한 병을 들고 나타났다. 그리고 잠시 후 호텔 주인, 현지 병원의 병원장이라는 사람, 동료의사 등 몇 사람이 나타났다. 그들은 모두 서로 친구지간이었다. 그가 주위의 친구들을 불러 모은 것이다. 그는 대통령 동생과 친구라고 했고 호텔 벽에는 대통령과 찍은 사진들이 붙어있었다. 이곳 사람들은 나를 현지 자기 동료 및 주위 사람들에게 소개하는 것을 좋아하고 자랑스럽게 생각하는 듯했다. 늦은 시간까지 우리는 많은 대화를 나누고 식사도 함께했다.

다음 날 아침 호텔 체크 아웃 시 우리는 깜짝 놀랐다. 스리랑카에서 비교적 큰 호텔에 투숙을 하면 일반적으로 투숙객의 운전기사에게는 숙식을 제공한다. 그런데 전날 약속과는 달리 모든 음식값에 기사 방을 포함한 2개의 방값이 청구된 것이다. Director에게 전화했더니 방 한 개 값만 내면 된다고 얘기했고, 그의 친구인 호텔주인은 모두 내라고 얘기했다. 우리는 모두 지불하고 나올 수밖에 없었다. 현지생활 요령을 다시 확인하게 되었다.

자프나에서 내려오는 길에 우리는 트린코말레(Trincomalee)를 들렀다. 업무협의는 실무자 두 명을 포함한 principal과 함께 했는데 이들은 무엇보다도 봉사단원 파견을 제일 먼저 요구했다. 자프나에서도 물론 봉사단원 파견을 요구했다. 전쟁으로 인해 파견이 중지되었으나 이제는 치안이 괜찮으니 파견을 해달라는 것이었다. 나는 보고서에 이런 사실을 기록했다.

Trincomalle 온천수(2012.05.17.)

출발 전부터 몇 번씩 자랑했던 트린코말레의 온천은 온천수가 나온다는 사실 외는 아무것도 볼 것이 없었고 특별한 시설도 없었다. 그러나 트린코말레 해변의 노을은 아름다웠다.

호텔에서 본 트린코말레 앞바다

우리는 자프나 가는 길에 아누라다푸라(Anuradapura)를 먼저 방문하였고 principal의 숙소(bungalow)에서 1박을 했다. 기원전 3세기 인도 아쇼카 왕의 딸 상가밋타가 인도 부다가야의 보리수가지를 가져와 심었다는 아누라다푸라의 스리마하 보 트리는 수령이 2,000년이라고는 생각할 수 없을 만큼 가늘었다.

자프나 여행은 수상비행기를 이용하면 좋다고 한다. 그리고 자프나에는 좋은 호텔이 없다.

* COT(College of Technology)는 9개의 Province에 각각 하나씩 있고, 그 밑에 몇 개씩의 TC(Technical College)가 있음.

* COT 책임자는 Director, TC 책임자는 Principal임.

실론 티의 고장 누와라 엘리야(Nuwara Eliya)

2012. 5. 27.

누와라 엘리야, 차 따는 여인들(2012.5.27.)

스리랑카는 세계최대의 차 수출국이며 그 차의 대부분이 콜롬보 동쪽 157Km, 캔디에서 77Km 거리에 있는 고산지대인 누와라 엘리야에서 생산된다. 해발 1,800m가 넘는 이곳은 날씨가 시원하여 Ceylon Tea의 주 생산지이며 또한 영국 식민지시대의 향수가 가장 잘 서려 있고 유럽인들이 선호하는 피서지로 유명하다. 이 지역에서 가장 높은 산은 해발 2,524m인 피두루탈라갈라(Pidurutalagala) 산이 있다.

캔디를 지나 누와라엘리야를 향해 완만한 경사를 끝도 없이 오르는 동안 차창 밖은 온 천지가 차 밭이라 녹색으로 물들어있고 계곡에는 군데군데 폭포가 장관을 이룬다. 이곳은 고원지대 중앙에 있는 아름다운 마을로, 영국 식민지시대에는 피서지로 이름을 날렸고 지금도 그때

누와라 엘리야 정상의 석양(2014.5.28.)

의 흔적으로 넓은 정원이 있는 영국식 건물이 곳곳에 남아있다. 호텔, 클럽, 경마장, 골프장 등 그 옛날 식민지시대의 영국 전통을 말해주는 것들이 스리랑카인의 생활 속에 남아 있는 것이다.

이곳은 스리랑카에서 가장 기온이 낮은 편이라 밤에는 이불이 필요하고 아침에는 긴 팔 옷이 있어야 하는 곳이다. 시내 어디를 보더라도 영국의 작은 시골집을 연상케 한다. 마을의 주기능은 버스 터미널 부근 각종 상점, 가게 건물들이 늘어서 있는 이곳 뉴 바자르 스트리트 지역에서 맡고 있다. 뉴 바자르 스트리트 반대쪽도 새로운 쇼핑거리이다. 이 거리가 누와라 엘리야의 중앙이고 번화가이다. 겨우 50m 정도의 거리지만 하루종일 사람이 북적거린다. 누와라 엘리랴에서 가 볼 만한 곳을 살펴보면,

- Tea Field, Tea Factory: 캔디에서 누와라 엘리야에 오는 길목에서 한두 곳의 차 공장을 들러 휴식과 견학을 하거나 누와라 엘리야에 도착한 후 한 곳을 방문할 수도 있다. 이곳 마을에서는 조금만 나가도 온통 차 밭이고 차 공장이다. 이곳에서 선물용 Ceylon Tea

를 구입할 수 있다. 참고로, 공항 면세점에서 홍차를 구입하면 그 가격이 어마하게 비싸다는 것을 알아야 한다.

• Horton Plain National Park: 시내에서 약 2시간 거리에는 국립공원인 호톤 플레인(Horton Plain)이 있다. 해발 약 2,134m 국립공원이다. 차량 입장이 안되어 주차장에서 하차하여 걸어서 한참을 가면 수직 1,050m에 이르는 절벽을 만난다. 엄청난 높이의 이 절벽을 '세상의 끝(The World's End)'이라고 부른다.

• Hakgala Botanical Garden: 스리랑카의 가장 유명한 식물원은 캔디에 있는 페르데니아 식물원(Perdeniya Botanical Garden)이다. 그러나 이곳(시내에서 약 10Km 지점에 위치)은 산 중턱 경사진 곳에 펼쳐진 식물원이다. 입구의 남국적인 식물에서 고산 음지의 양치류까지 다양한 식물이 있다. 이곳은 원래 말라리아에 특효약인 키니네의 원료가 되는 키나라는 나무의 재배 지역이었다고 한다. 산에서 흘러내리는 계곡물이 원내를 흘러 고원 특유의 청량함으로 가득하다고 한다.

• Nuwara Eliya 골프코스: 스리랑카에는 골프장이 총 4곳이 있다고 한다. 모두가 영국 식민지시대(1880년도)에 만들어진 오래된 곳이라 시설이 현대식의 한국 골프장과는 다르나 역사를 느낄 수 있는

곳이다. 이곳은 고산지대라 콜롬보나 캔디 같이 땀이 많이 나지 않아 정말 쾌적하게 골프를 즐길 수 있는 점이 가장 좋은 특징이다. 총6,250야드, 18홀로 마을 중앙에 있다는 입지 조건과 굴곡이 풍부한 설계로 호평받는 곳이다. 클럽 하우스 물론 식민지 풍 건축양식으로 되어 있다. 바는 물론 실내 배드민턴장도 있어 재미있게 즐길 수 있는 곳이다.

- 하프탈레(Haputale): 누와라 엘리야에서 약 50Km 떨어진 고산 차밭 지역으로 경치가 무척 아름다운 곳이다. 한번 가볼 만한 곳이다.

하프탈레 정상의 아침 안개

누와라 엘리야는 기온이 시원하여 유럽인들이 선호하는 휴양지이다. 그래서 좋은 호텔들이 많다. 그 중 생각나는 곳은 Grand 호텔과 Heritance Tea Factory 호텔인데 한번 가볼 만한 곳이라 강력히 추천한다. 다소 저렴한 곳을 찾는다면 이곳 산악지역에는 깨끗하고 서민적인 방갈로가 많다.

스리랑카에는 80여 명의 봉사단원이 근무하고 있는데 그 중 약 절반이 DTET산하 College에 근무하고 있다. 나는 가는 곳마다 그들과 대화의 시간을 갖고자 했고, 가능한 식사자리도 함께했다. 그들은 인생관이 뚜렷해 보였고 자기관리 능력도 있어 보여서 좋았다. 그래서인지 언제부터인가 코이카가 자랑스럽다는 생각을 하게 되었다.

기회가 닿아 바둘라까지 들렀다. 바둘라에서도 3명의 봉사단원에게 저녁 식사를 투자하며 젊은 세대에 코드를 맞추고 동화되려고 노력했다. 지금 나이에 한국에서는 이런 젊은이들과 대화의 기회를 갖기는 쉽지 않을 것이다.

바둘라 봉사단원들과(2012.5.28.)

아름다운 남부 해변도시 골(Galle)

2012. 09. 21.

골에는 여러 민족의 손때가 묻어 있다. 동양적이면서도 한편으론 유럽의 풍취가 강하게 풍겨 나오는 식민지의 아픈 역사를 지닌 도시가 골이다. 콜롬보에서 남쪽 120km 지점에 있는 해변 도시이나 스리랑카 1호 고속도로(104.5Km)가 개통된 후 2시간 30분이면 충분하므로 당일로도 좋은 코스이다.

골에는 골 포트(Galle Fort)라는 유네스코 세계문화유산이 있다. 스리랑카를 식민지로 삼은 포르투갈, 네덜란드, 영국이 차례대로 머문 그 땅이 아이러니하게도 역사가 되어 남은 것이다. 골 포트 내에는 지금도 여전히 주택, 학교, 교회, 법원, 식당, 상점 등이 옛 모습 그대로 자리 잡고 있다.

콜롬보 서남쪽 방향으로는 골을 비롯하여 아름다운 해변이 많다. 위에서부터 벤토타(bentota), 히카두와(Hikkaduwa), 골(galle), 미리사(Mirissa), 윌리가마(Wiligama), 마타라(Matara), 한반토타(Hanbantota) 등. 기차의 종착역인 마타라는 골보다는 남국의 정취가 강하며 비교적 정리가 잘 된 느낌을 주는 곳이었다.

골에서 마타라 가는 도로는 해안도로로 온통 바다 그 차체였으며 그렇게 경치가 좋을 수가 없었다. 해안 주변에는 호텔, 리조트, 게스트하우스 등 관광객들 대부분을 위한 시설들이 많았고 제반 요금 또한 후진국 같지 않게 비싼 편이었다.

북동쪽의 트린코말레(Trincomalee) 해변도 스리랑카에서는 둘째가라면 서러운 곳이다. 그러나 골에서 약 17Km 북쪽에 있는 히카두와도 못지않다. 해양스포츠를 즐기기에 가장 좋은 곳이라 한다. 스노클링(snorkeling), 윈드서핑(windsurfing), 스쿠버 다이빙(scuba diving), 바닥이 투명한 보트 즐기기(glass bottom boat) 등 없는 종목이 없으며 누구나 교육을 받고 즐길 수 있다고 한다. 히카두와에는 해양레저와 숙소를 동시에 해결할 수 있는 곳이 많다고 한다. 또한, 월리가마의 돌고래 사파리도 볼 만 하다고 한다.

그동안 나는 골을 몇 번 다녀왔다. 첫 여행에서 갈 때는 해안을 끼고 달리는 기차를, 올 때는 콜롬보-골 간 A/C 버스(버스 대부분에 에어컨이 없어서 붙인 이름)로 고속도로를 경험했다. 지금은 고속도로가 좋아서 자동차로 다녀오는 것이 가장 좋은 것 같다.

한번은 골에서 오는 길에 어느 시골 지역을 들러서 토디(한국의 막걸리 같은 것으로써 전통주인 '아락'을 만드는 중간과정의 원료)를 한 사발 마셨다. 진작부터 그 이름을 들어왔고 언젠가는 맛을 보여 주겠다던 나의 둘도 없는 친구이자 운전기사의 약속이 지켜진 셈이다. 시큼하고 막걸리보다는 맛이 덜했다. 비위생적으로 팔고 있는 것 같았다. 한 사발로 배가 불렀다.

최근에 가족이 스리랑카를 다녀갔는데 골이 무척 아름답다고 했다.

해안을 계속 달리는 콜롬보-->골 기차

골 포트 성벽 끝자락의 인도양

골 포트 위에서 인도양을 뒤로하고(2014. 02. 07.)

유럽풍의 골 거리(2014. 02. 07.)

현지 병원

2012. 09. 27.

이곳 병원은 국립병원과 사립병원으로 나누어진다. 대학을 비롯한 모든 학교가 국립과 사립으로 나누어지듯이 국립대학 등록금은 없고 국립병원 진료비도 없다. 특이한 점은 병원에 진료기록을 유지하지 않는다는 사실이다. 병원행정 및 환자진료기록 업무가 전산화가 안 돼서 그런 것 같다. 의사는 처방전을 손으로 써서 사각 큰 도장을 찍어 환자에게 주면 환자는 이것을 약국에 제출하면 된다.

의사의 책상에는 컴퓨터가 없다. 의사가 환자의 과거 진료기록과 처방내용을 모르면 매번 환자의 얘기에만 의존하여 자기의 의학적 지식을 토대로 한 영속성 있는 진료를 하지 못할 것 같다. 나는 나름대로 생각하여 병원을 갈 때 지난번 처방전을 챙겨서 가곤 했다.

처방전도 좀 특이하다. 처방전에는 본인(의사) 개인 휴대폰 번호를 적어 주기도 한다. 그리고 한 번 받은 처방전으로 몇 번씩 약국에서 약을 살 수도 있다. 약도 종류별로 복용일수가 다르다. 나의 기억으로는 한국병원의 의사처방은 모든 종류의 약이 거의 복용기간이 동일했다. 그래서 나는 가끔 약의 성분을 약사에게 물어서 종류별로 복용일수를 달리한 적이 많았다. 그렇다면 이것은 한국보다 좋은 점이라 생각한다.

며칠 전에는 스리랑카에서 제일 좋다고 하는 병원에서 정기 신체검사를 받았다. 1년에 한 번 하는 것이라 아침 식사를 못하고 일찍 도착하여 8시부터 검사를 받았다. 그런데 특별한 검사도 없는 일반적인 검사인데 오후 2시가 넘어서 끝이 났다. 정말 지루해서 죽는 줄 알았다.

중간 중간에 외래 환자 진료를 겸해서 검사를 실시하는 것이었다. 종합검진 환자들을 먼저 하면 될 텐데 그들은 우리를 일반 환자들과 섞어서 진행하는 것이었다. 한 곳을 들르면 보통 30~40분은 기다려야 우리 순서가 되는 것이었다. 그리고 또 며칠 후 들러서 의사로부터 검사결과 설명을 듣고, 1차에서 할 수도 있었던 검사를 며칠 후 다시 추가로 하자고 하는 것이었다. 스리랑카 진료 시스템의 총체적 수준은 낮은 편이다. 우리나라의 의료 시스템은 세계수준급임에 틀림이 없다.

현지인의 출퇴근 모습

2012. 10. 22.

콜롬보에 근무하는 현지 직장인들의 대부분은 콜롬보 외곽지대에 산다. 콜롬보는 집값이 비싸고 주거 여건이 충분하지 않기 때문이다. 이런 현상은 세계 어느 도시를 가더라도 비슷할 것이다. 그런데 이들의 출퇴근 시간이 보통 한두 시간 이상이라는데 문제가 있다. 대부분이 기차나 버스를 타고 출퇴근을 한다.

우리나라 60~70년대에 지방이나 위성도시에서 대도시로 통근기차나 버스로 출퇴근하던 모습을 상상하면 될 것 같다. 내가 근무하는 부처에는 결혼한 여자 직원 수가 대단히 많다. 그들은 종종 어린애를 데리고 출근하기도 한다.

고향이 지방인 사람들은 주말에 갔다가 월요일 새벽 두 세시에 버스로 출발하여 콜롬보에 아침 일찍 도착한다고 한다. 콜롬보 주위에 거주하는 사람들 대부분은 5~6시에 기상하여 도시락을 신문지에 감싸서 들고 통근 기차를 타고 출근하는 것이다.

달리는 기차를 보면 많은 사람들이 문에 매달려 있는 광경을 볼 수 있다. 불안하기 짝이 없어 보인다. 차장이 승객을 안으로 밀어 넣기 위해 안간힘을 쓰던 옛날의 우리나라 모습과 흡사 비슷할 것이다.

그리고 현지인들의 급여는 일반 노무자나 운전기사의 경우 15,000~25,000루피 정도라고 한다. 일반 직원들의 경우 25,000~40,000루피 정도이고 고위직이면 40,000~50,000 정도라고 한다.

국립 초, 중, 고, 대학 등록금과 병원비는 전액 정부재정으로 충당하며, 공무원들의 퇴직 후 수령연금은 급여의 70% 정도라고 한다. 지속적으로 이런 복지제도가 유지될지는 모르는 일이다.

마라다나 역 출근하는 모습(2012. 10. 22.)

고마운 분

2012. 12. 04.

스리랑카 선거관리위원장이 공식 직함이다. 현지 모 회사에 기술자문위원으로 근무하고 계신, 스리랑카에 거의 20년 이상 살아온 교민이다. 내가 여기 와서 처음 두 달간 살던 그 아파트에 지금 살고 있으며 처음 거기서 만났다. 내가 여기 와서 제일 먼저 알게 된 교민이며 이 분을 통해서 골프모임에도 나가게 되었다.

골프모임에서 가장 연장자이고, 내가 두 번째이다. 모임이 끝나면 항상 나를 차로 집까지 태워다 주고 가신다. 처음에는 그것이 미안해서 혼자 택시를 타고 오곤 했는데 지금은 거의 나를 태워주고 가신다. 젊은 사람들에게서 볼 수 없는 자신만의 신념, 배려 같은 것이 물씬 풍기는 분이다.

명절에는 나를 집으로 초대하여 식사를 대접했으며, 이후에도 가끔 집으로 나를 불렀고 우리는 술잔을 기울이곤 했다. 한번은 김치를 담아 집으로 가져온 적도 있다. 모임에서는 마땅한 호칭이 없어서 그랬는지 처음부터 거사님으로 불러오고 있다고 한다. 절에 나가시는 신도라 그랬을 것이다.

정말 고마운 분이다. 잠시 다녀가는 나그네 같은 사람에게 정을 주기가 쉽지 않은데. 거사라서 그런가! 임승오님, 고맙습니다.

한인학교 강의

2013. 02. 09.

스리랑카 한인 학교로부터 한국 교민 자녀들인 중고등학생들을 상대로 강의해 달라는 부탁을 받고 다녀왔다. 첫 강의 주제는 '꿈을 꾸자'였고 학생들 눈높이에 맞춰서 재미있게 강의를 하려고 노력했다.

삶의 관리분야를 건강관리, 재산관리, 지식관리, 교우관리, 감정관리로 나누어 각각의 중요성과 필요성을 설명하고, 상대가 학생이라 주로 지식관리와 교우관리에 많은 시간을 할애하고 현실적 감각을 살리려고 노력했다.

"젊은이들이 목표 설정을 정확하고 빠르게 하기가 쉽지는 않지만 빠를수록 좋으며 잘하면 이미 성공의 문턱에 들어선 것이다. 그러기 위해서는 많은 생각과 크고 작은 직간접 경험들 그리고 선배들의 도움이 필요할 것이다.

그러나 무엇보다도 좋은 방법 중에 하나가 바로 독서라고 생각한다. 독서는 사람을 생각하게 만들며 다양한 간접 경험의 기회를 준다. 사고력과 판단력을 키워 주는 것이다.

적성검사, 선배들의 조언, 부모님의 충고 이 모두가 도움이 될 것이다. 그러나 무엇보다도 본인에게 끌리는 것이 있고 평소에 마음속으로 그리던 뭔가 있다면 나는 그것을 선택하라고 충고하고 싶다. 그리고 그것을(공부를) 즐겨라. 아는 사람은 좋아하는 사람만 못하고 좋아하는 사람은 즐기는 사람만 못하다(知之者 不如好之者 好之者 不如樂之者).

젊은이들의 꿈은 높을수록 좋고 실천은 빠를수록 좋다. 꿈을 꾸자! 교육은 사실을 배우는 것이 아니고 사고력 훈련이다(Education is not learning of fact but training of mind to think)." 이런 내용이었다. 혜민 스님의 명언, 빌 게이츠 성공신화 등도 곁들였다.

학생들의 반응이 너무 좋다고 지속적으로 강의를 해 달라는 부탁을 받았으나 그 후 '한국의 전자정부현황과 IT 일반'이라는 제목의 강의를 한 번 더 하고 그만두었다.

학생들은 대부분이 10년 이상을 현지에서 살아왔다고 한다. 앞으로 한국대학을 갈 학생, 외국 유학을 갈 학생 등 다양한 계층의 학생들이었다. 이들이 한국 대학을 지원하면 대부분 특례입학 자격이 주어진다고 한다.

무엇보다도 충격을 받은 것은 학교 교육환경이 너무 열악하다는 것이었다. 한국어 선생도 절대적으로 부족했고, 교육자재와 집기 등이 너무나 낡고 부족했다. 이런 환경에서 한국의 미래를 짊어지고 나아갈 인재가 어떻게 나올 수가 있을까 하는 생각을 해본다. 대사관 등 공식 채널을 통해서 학교 발전 모금 등에 대하여 건의를 해 볼 생각이다. 교실은 덥고 낡았고 책걸상도 말이 아니었다. 마음이 아프다.

한인학교 학생들과 함께(2013. 02. 09.)

위대한 발자국(스리파다), 아담스피크

2014. 5. 14.

가는 도중 만난 폭포수(2014. 05. 14.)

Sri Pada(Sacred Footprint) 가 있는 Adam's Peak! 콜롬보 동쪽 방향 138km에 위치한 높이 2,243m의 이곳엔 불교에서는 붓다, 기독교와 이슬람교에서는 아담, 힌두교에서는 시바가 발자국을 남겼다고 한다. 이곳은 콜롬보에서 멀고 산악지대이며 교통편이 좋은 편은 아니다. 5월부터 12월까지는 절 입장을 허용한다고 했다.

5월 14일은 스리랑카 최대의 불교행사일 Vesak Poya Day였다. 부처님이 태어나고(birth), 깨닫고(enlightenment), 열반(pass away)하신 것을 한꺼번에 기념하는 날이라고 보면 맞다. 나는 이날 기사를 데리고 그곳 성지순례를 결행했다.

연휴 때라 순례자가 많아 교통이 너무 막혀 가는데 무려 5시간 이상이 걸렸다. 또한, 도착해서 정상을 다녀오는데도 무려 7시간 이상이 소요되었다. 숙소에서 저녁 9시에 출발하여 다녀오니 새벽 3시 반이 훨씬 지났다. 인파에 떠밀려 도저히 내 의지대로 걸을 수가 없었다. 정상에는 부처님의 족적모양으로 보이는 금형을 만들어 보관하고 있었다.

남녀노소, 어린아이, 심지어 거동이 불편한 환자까지도 이 계단을 밤낮없이 걸었으며 지치면 계단에 앉아 졸기도 했다. 인파로 인해 계단은 북새통이었고 속도가 나지 않았다. 무엇보다도 놀랄만한 사실은 많은 사람들이 맨발로 그 돌계단을 걷고 있었다는 것이다. 계단 수는 무려 6,000여 개 이상이라고 했다. 스리랑카 국민의 종교의식, 불심, 정열을 느낄 수 있었고, 인산인해로부터 오는 두려움 같은 뭔가를 나는 느낄 수가 있었다.

나는 Hatton 쪽으로 올랐는데 Ratnapura 쪽에서 오르면 경사는 완만한데 등반 소요시간은 두 배 정도 걸린다고 한다. 일출을 보려면 새벽 2시경에 숙소를 출발하는 것이 좋다고 한다. 산 입구에 도착하면 민박이나 소규모 방갈로 등 숙소가 많다.

불야성을 이루는 Adam's Peak를 향한 길

대중교통은 해튼역에서 아담스피크 초입 마을인 델하우시까지 매시간 버스가 운행되는데 약 두 시간 걸리며 막차는 저녁 8시까지 있다고 한다. 너무나 힘든, 정말 힘든 경험을 했다. 정상에는 기온이 매우 낮으므로 긴 팔 옷을 반드시 챙기도록 하여야 한다. 이번을 계기로 스리랑카 국민을 더 많이 이해하게 되었다.

입장순서를 기다리며 휴식을(2014. 05. 14.)

족적이 모셔져 있는 입구(2014. 05. 14.)

교민행사 이모저모

2014. 09. 21.

지지난 주에는 일본 아베 총리가 스리랑카를 다녀갔다. 130억 엔에 해당하는 디지털 방송 프로젝트를 위한 차관을 제공하기로 합의하는 등 수조 원에 해당하는 차관을 거론했다고 한다. 그리고 또 지난주에는 중국 시진핑 주석이 스리랑카를 다녀갔다. 그는 스리랑카에 27개의 각종 프로젝트 개발을 위한 수조 원에 해당하는 양해각서(MOU: Memorandum of Understanding)와 합의서(Agreement)에 서명했다고 한다.

일본은 현재 각종 프로젝트 추진은 물론, JICA(Japan International Cooperation Agency)활동, 초청 연수 등 많은 역할을 스리랑카에서 하고 있다. 그리고 스리랑카 전국을 누비는 자동차 대부분도 일제다. 스리랑카에는 수많은 중국인이 체류하고 있으며 시내 곳곳에는 중국 식당과 관광객은 넘쳐 난다. 이 두 국가는 중동과 아프리카 진출을 위한 발판으로 이곳 스리랑카를 선택한 것이다.

중국과 일본의 대 스리랑카 관계는 역사적 이념적으로 우리나라와는 다르다. 그들이 아무리 규모로 밀어붙여도 스리랑카를 대하는 한국인의 긍지와 현지인의 한국인에 대한 호감은 결코 그들에게 뒤지지 않는다. 현지인들은 나에게 제일 먼저 중국인이냐고 묻고 다음에는 일본인이냐, 다음에는 한국인이냐고 묻는다. 그러나 스리랑카인들은 한국인에게 매우 친절하고 우호적이다. 많은 현지인이 수시로 나에게 한국에서 일할 기회를 찾을 수 없느냐며 '코리안 드림'을 꿈꾼다.

스리랑카에 한국 교민은 불과 800여 명으로 집계되고 있다. 한국 교민의 비록 숫자는 적지만 교민들의 활동은 대단히 활발하고 적극적이다. 한인 체육대회, 민주평화통일 특별강연회, 한가위 잔치, 종교 활동, 골프 모임, 평통 주최 통일 골든 벨과 글짓기 및 그림 그리기 대회 등 많은 행사가 진행되고 있다.

한인 체육대회는 매년 5월 무렵 현지 학교 운동장을 빌려 각종 구기 종목과 육상 종목을 남녀노소 상관없이 참가하도록 하여 진행해왔다. 금년에는 체육대회 대신 추석 명절 잔치를 9월 8일 힐턴 호텔에서 가졌다. 약 200명 이상의 교민들이 참석하였다. 월남 초청가수 공연, 장기자랑, 행운권 추첨 등 행사가 다양했다.

한가위 대잔치 만찬장(힐턴 호텔, 2014. 09. 08.)

상금 중에는 금 5돈과 한국왕복 항공권도 있었다. 제공 음식은 좋았다. 김치, 김밥, 잡채 등 많은 한국 음식도 제공되었다. 오랜만에 잡채와 김

한가위 대잔치 공연장 모습

밥을 맛있게 먹었다. 분위기도 좋았다. 모국의 추석 대신 이곳에서 이렇게 하루를 보내게 된 것이다. 모두가 송정도 한인회장의 지도력과 노력의 결실이다.

또한, 민주평화통일 스리랑카 지회에서는 광복 69주년 기념행사를 지난 8월 14일 갈라다리 호텔에서 엄경호 지 회장 주관으로 진행하였다. 대사를 비롯한 교민들이 역시 200여 명 참석하였고 민주평통 본부 소속 탈북자 특별강사 초청 강연회도 가졌다. 현지인 무용으로 분위기를 살려가며 비교적 지루하지 않게 진행하였다. 엄경호 민주평통 스리

민주평통 특별 강연회(갈라다리 호텔, 2014. 8. 14.)

강연에 열중하는 모습

랑카 지회장은 스리랑카 교민사회를 대표하고 교민들을 위하여 노력을 아끼지 않은 좋은 분이다.

현지 무용 공연단

'한인 골프회'는 두 개 모임으로 양분되어 있는데 매주 일요일에 정기 운동을 한다. 하나는 '일요 골프' 모임인데 한인과 외국인들이 함께하는 모임이며 약 4~5개 조로 되어 있다. 둘은 '우리 골프' 모임인데 전원이 한인으로 구성되어 있고 약 4개 조로 되어 있다.

로얄 클럽 우리 골프 모임(2012.12.16.)

이 두 모임 소속의 한인 남자들과 소속되지 않은 여성 골퍼들이 모여 '한인 골프회'를 구성하며 분기별 시합을 한다. 보통 40~50명이 참가하며 엄경호 회장에 의해 운영되고 있다. 회원들의 핸디캡은 최저 4, 최고 20이며 13~14가 가장 많다. 콜롬보에는 유일하게 '로얄 콜롬보 골프클럽' 한 곳만 있다. 많은 사람들을 이곳에 오면 만나고 또 알게 된다.

색다른 골프를 원하신다면

2014. 9. 22.

여기는 낮 평균 기온이 28~30도라고 하는데 습도가 높아 체감 온도는 훨씬 높다. 아마 한낮에는 34~35도는 될 것이다. 처음 여기 와서 낮 시간대에 골프 하는 사람들을 보고 도저히 이해할 수가 없었다. 처음 한두 번은 운동 중 다리 근육에 마비가 오는 등 고통을 겪었다. 그러나 적응이 되면 땀을 듬뿍 흘리면서 하는 운동 후의 상쾌함과 또 그 후의 시원한 맥주 한잔의 맛을 결코 잊을 수가 없다.

스리랑카에는 골프장이 4곳이 있다. 콜롬보 로얄 골프클럽, 캔디의 빅토리아 골프클럽, 누와라 엘리야의 골프클럽, 트린코말리의 골프클럽이 그것이다. 로얄은 세계 유일하게 골프장 내에 철로가 가로질러 가는 곳이다. 기차가 지나갈 때는 샷을 중단하여야 한다. 총 6,303야드 18홀 파71로 되어 있으나 페어웨이가 좋은 편은 아니다.

로얄 골프장 정식회원이 되면 전 세계 모든 로얄 골프클럽에서는 무료로 이용할 수 있다고 한다. 그린 피는 주중 65불, 주말과 공휴일 84불, 일주일 권 264불, 캐디 피는 평생회원 400루피, 년 회원 500루피, 캐디 팁은 500~600루피 정도이다. 연회원 회비는 2,500불, 평생회원 회비는 5,000불이다. 연 단위로 3회 등록을 하면 자동 평생회원이 될

로얄 골프클럽 페어웨이

클럽하우스

수가 있다.

여행객의 경우 클럽을 개인적으로 빌리거나 클럽하우스에서 3,000 루피에 빌려서 콜롬보의 하루를 멋있게 보낼 수가 있다. 시내 중심에 위치하여 접근성이 좋다.

클럽하우스 내부

캔디 빅토리아 골프장

그린 주위의 호수

캔디의 골프장은 높낮이가 심하고 경치가 아름다워 정말 스릴 있는 운동을 즐길 수가 있다. 산 중턱에서 티 샷을 하면 볼이 한없이 아래로 날라가 페어웨이에 안착할 때는 짜릿함을 느낀다. 아침 일찍 서두르면 콜롬보에서 당일로 다녀올 수 있는 거리이다. 이곳은 그린 피 60불로 하루를 정말 멋있게 즐길 수 있는 곳이다. 페어웨이가 넓고 높낮이가 심하여 볼 보이(spotter)가 따라다닌다. 캐디 팁과는 별도로 Rs.300을 주어야 한다.

그린에서 내려다본 호수

산속에 위치한 그린

누와라 엘리야 골프장은 무엇보다도 날씨가 시원하여 운동이 저절로(?) 되는 곳이다. 캔디와 마찬가지로 이곳도 역시 이용객이 많지 않아 앞뒤가 텅 비어 여유 있게 골프를 즐길 수가 있다. 스리랑카 캐디는 각각 한 명씩 따라붙는다. 이곳은 콜롬보에서 당일로 다녀오기는 어려운 편이다.

골프를 좋아하는 분이라면 스리랑카 여행일정 중 하루 정도는 꼭 골프에 투자할 것을 권하고 싶다. 스리랑카 남쪽 지역에 두 곳의 골프장을 새로이 건설 중이라고 한다.

Part. 3
투자 정보

1977년 스리랑카와 외교 수립 후 많은 한국 기업들이 현지에 진출하여 외화벌이하였다. 노사분규, 임금 상승, 특혜관세제도(GSP: Generalized System of Preferences) 축소 등 요인으로 2000년대 초부터 중국, 베트남, 캄보디아, 방글라데시 등으로 점차 공장을 이전하고 지금은 60여 개의 한국 기업만이 상주하고 있다. 현재 스리랑카는 매년 7~8%의 경제 성장률을 꾸준히 보이고 있다. 최근에는 관광객의 급증과 건설 공사가 붐을 일으키고 있다.

사실 인구 2,100만이 많은 편은 아니다. 그러나 콜롬보에는 최근 맥도날드, 킹스버그, 중국식당, 한국의 The Face shop 등을 비롯한 외식 및 소비재 매장이 하루가 다르게 늘어가고 있다. 마케팅에 자신 있는 투자자라면 한국 프랜차이즈 외식산업이나 소비재 매장 진출에 관심을 가져볼 만하다고 생각한다. 현지인들의 한국 제품이나 음식에 대한 선호도는 상당히 높다. 시내 곳곳에 중국 식당이 넘쳐나나 한국 식당은 두 개에 불과하다.

경제 지표

구 분	'11년	'12년	'13년
GDP(억불)	592	594	672
실질경제성장률(%)	8.3	6.4	7.3
1인당 GDP(불)	2,836	2,923	3,240
실업률(%)	4.2	4.0	4.4
물가상승률(%)	6.7	7.6	6.9
환율(연평균, 루피)	110.57	127.60	129.11
외채(억불)	327	371	397
외환보유고(억불)	59	68.7	75
수출(억불)	105	98	104
수입(억불)	202	192	180
교역 품	▷수출: 의류(41%), 홍차(18%), 고무(10%), 보석류(4.5%)		
	▷수입: 오일(18%), 기계류(8%), 차량(6.2%), 전기전자(5.6%), 편직물(6.5%), 플라스틱		
	▷수출국: 미국(23%), 영국(10.3%), 인도(5.2%), 한국(0.8%)		
	▷수입국: 인도(17.2%), 중국(16.4%), 싱가포르(7%), 한국(1.7%)		

* 스리랑카 중앙은행 Annual Report 2012

한–스리랑카 관계

외교수립	1972년 주 스리랑카 통상대표부 개설, 1977년 외교관계 수립
체결협정	이중과세방지협정(1986년), 투자보장협정(1980년), 무역협정(1984년)
교역규모(2012년)	392백만 달러(우리나라 수출: 320백만 달러, 수입: 72백만 달러)
교역 품	(수출) 광물성 연료, 직물, 수송기계, 철강제품, 석유화학제품, 산업기계 (수입) 농산물, 섬유제품, 고무제품, 임산물, 비금속광물, 섬유 사
투자교류	대 스리랑카 724만 달러(우리나라 진출), 국내유치 2백만 달러
교 민	스리랑카 내 한인체류자: 약 800명, 주 한 스리랑카 체류자: 25,000명

* 최종 정보 확인일: 2013. 06. 30

스리랑카 시장환경 및 전략적 입지

- 서남아 경제성장을 선도하는 서비스업 중심국가로서 내전 종식 후 4년간 평균 GDP 성장률 7.4%로 서남아 인근 국가 중 가장 빠른 성장세를 보이고 있다.

서남아 지역 국가별 GDP 성장률

국가 명	2010	2011	2012	2013
스리랑카	8	8.2	6.3	7.3
파키스탄	1.6	2.8	4	6.1
방글라데시	6.1	6.7	6.2	6
아프가니스탄	8.4	6.1	14.4	4.2
인 도	10.3	6.6	4.7	5
부 탄	11.7	8.6	4.6	5
네 팔	4.8	3.4	4.9	3.8
몰디브	7.1	6.5	1.3	3.7

* 자료원: WORLD BANK

• 수입은 인도와 중국으로부터, 수출은 미국과 유럽으로 많이 하는 편이고, 한국과의 수출입은 모두 미미한 편이다. 수출 주요품목은 의류이며, 수입 주요품목은 기계, 철강, 원부자재이다. 한국의 주요 수출품은 기계, 철강이고, 주요 수입품은 농산물, 섬유 그리고 고무이다.

스리랑카의 국가별 수출입현황

국가별	수출액(U$천)	점유율	국가별	수입액(U$천)	점유율
미 국	2,492,640	25	인 도	3,089,513	18.1
영 국	1,076,345	10.8	중 국	2,960,449	17.3
인 도	543,935	5.4	싱가포르	1,252,831	7.3
이태리	509,097	5.1	UAE	1,210065	7.1
독 일	467,269	4.7	오 만	768,351	4.5
벨기에	463,258	4.6	일 본	669,469	3.9
러시아	279,618	2.8	말레이시아	532,566	3.1
한 국	78,357	0.78	한 국	298,604	1.75

• 인도양의 중심에 위치하여, 아시아 강국들의 중동과 아프리카 진출의 전략적 요충지에 놓여 있으며, 서남아 물류 Hub를 지향한다. 스리랑카의 비전 'Mahinda Chintana'에서는 제2의 싱가포르를 꿈꾼다. 한국 연수 경험자가 1,600명에 육박하고 주한 스리랑카 노동자

는 25,000명에 달하며 현지인들에게 한국행은 '코리안 드림'이다.

- GDP 중 관광과 건설산업이 차지하는 비중이 11.2%로 매년 10%씩 증가하고 있다. 관광객 수는 연간 27% 증가하였으며 대형호텔 건설 등 많은 건설 프로젝트가 진행 중이다. 특히, 일본의 아베 총리와 중국의 시진핑 주석 방문 후 더욱 활기를 띨 전망이다.

최근 및 향후 관광부문 성장지표 전망

구 분	2012	2013	2014	2015	2016
관광객 수(천명)	1,005	1,275	1,600	2,000	2,500
고용창출(명)	163	270	425	513	600
호텔룸 수(개)	21,960	23,121	35,880	42,840	45,000
외화수입(U$백만)		1,360	1,740	2,120	2,500
일일 관광객 소비금액(U$)	103	110.7	117.5	124.3	130

* 자료원 : Sri Lanka Tourism Authority

- 중국은 소위 방글라데시-콜롬보-파키스탄-소말리아 등 인도양 시장 장악을 위한 교두보로 콜롬보 진출을 강화하고 있으며, 국가별 대 스리랑카 프로젝트 투자비율은 중국 52%, 오스트리아 12%, 네덜란드 12%, 벨기에 10%, 영국 6% 등이다.

- 중국과 FTA를 곧 체결하고, 인도, 싱가포르, 중동, 아프리카와의 경제협력을 확대하고, 싱가포르를 서비스산업 및 물류허브로서의 성장모델로 지향할 것이다.

우리나라와의 교역현황

• 수출에 있어서는 편직물, 합성고무, 승용차분야 등 일부 품목에 편중되었으나, 최근 화학, 의료기 등 중소기업 제품 위주로 다양화되는 추세이다. 화학, 자동차분야에서는 인도, 중국의 시장점유율 확대로 수출이 감소하고 있다. 자동차, 기계, 전자부문에서는 품질과 가격 면에서 경쟁력은 있으나 에이전트의 인지도가 낮고 기존제품고수 경향으로 인해 정체상태이다.

2012~2013년도 수출현황(단위: U$백만, %)

순 위	품목명	'12년		'13년	
		금 액	증가율	금 액	증가율
–	총 계	320	−6.8	299	−6.5
1	편직물	32	2.3	34	6.1
2	폴리에스터 직물	16	22.8	17	9.1
3	합성고무	23	−2.4	17	−24.9
4	승용차	38	3.6	16	−57.6
5	면 사	13	−2.1	16	17.5
6	아연도강판	18	9.9	13	24.5
7	신문용지	10	38.0	13	24.7

* 자료원: KITA

수출 유망상품으로는 건설 기자재 및 장비, 섬유 원단, 화학 원료 및 플라스틱 제품, 포장인쇄 기기, 의료기기, 환경 관련 장비, 관광 관련 산업(화장품, 외식), 자동차 부품 및 기계류, 선박 부품, 실험 및 계측 기류, 조명기기 등을 들 수 있다.

• 수입에 있어서는 의류제품의 수입규모가 크게 증가 되었으며, 스리랑카 농수산물 및 가공품의 수출 가능성은 있으나 수요개발 여력이 부족하여 코코넛 등 일부 품목에서만 증가세를 보이고 있다.

2012~2013년도 수입현황(단위: U$백만, %)

순 위	품목명	'12년		'13년	
		금 액	증가율	금 액	증가율
–	총 계	72	–12.9	85	18.1
1	직물제 의류	22	21.2	23	7.9
2	박류(겨 종류)	10	–35.5	13	29.6
3	편직제 의류	9	23.6	12	36.2
4	식물성 재료	7	25.2	8	6.9
5	면 사	5	14.4	6	5.0

＊ 자료원: KITA

우리나라의 對 스리랑카 진출현황

- 2000년대 초반까지는 섬유, 의류분야를 중심으로 스리랑카가 최대 투자 국이었으나 2000년대 이후 우리 기업의 투자감소세가 현재까지 지속되고 있는 상황이다(150여 개 기업 중 섬유·의류분야 기업이 46% 차지). 2000년대부터 주요 의류수출국(미국, 유럽 등)으로부터 수입 쿼터를 적용받게 되어 우리 기업은 베트남 등 경쟁국으로 이전하기 시작했다.

현재는 원부자재 및 디자인, 판로개척 모두를 본부에서 처리하고 생산만 현지에서 하는 임 가공 형태의 투자업체와 고무, 코코넛, 원사수입 등 일부 경쟁력 있는 품목만 활동 중인 상황이다.

- 2013년 말 기준 한국기업 스리랑카 진출현황은 64여 개사로 섬유·의류(10개), 생활용품(6개), 고무 피혁(5개), 요업(2개), 건설공사(7개), 서비스업 (8개), 유통업(6개) 등이다. 주요 진출기업으로는 앞에서도 언급했듯이 현대건설, 경남기업, 코오롱, 삼성 SDS, 삼성전자 등이며, 자체투자기업으로는 엘피스랑카, 카니발월드, 세라믹월드, 영안랑카, 보생랑카, 구상랑카, 스카이라인 등이 있다.

• 우리 기업 진출 유망분야로는 스리랑카 정부의 주요 전략적 육성분야인 해양 및 항공, 상업 및 비즈니스, 교육 및 지식서비스, 에너지 산업분야를 들 수 있고, 프로젝트 분야로는 발전소 건설(석탄 화력, 신재생), 전력망, 정유공장, 환경분야, 도심개발(주택단지, 상업용지), IT(전자정부) 등을 들 수 있다. 투자진출분야로는 화학제품 생산, 원단생산, LED 조립, IT 분야, 재생에너지 등을 들 수 있다.

경제동향 및 전망

- 2012년 주춤했던 경제성장률은 2013년도에 반등하였고 국제수지 적자폭도 줄어들었으며, 인플레이션압력 완화 및 중앙은행 통화정책이 완화되었다. 대외환경 개선 또한 교역을 다소 증가시켰으나 현재의 대외수지 적자는 높은 수입증가로 인해 늘어날 것으로 보이며 정부는 균형재정을 위해 세수증가에 주목하게 될 것이다.

- 분야별 살펴보면, 2013년도 GDP 성장률은 7.3%, 재정적자 GDP의 5.8%로, 금리를 2012년과 2013년 두 차례 인하로 대출 기본금리가 2013년 12월에는 9.9%로 낮아졌다. 환율은 지금 1불당 129~130 선에서 다소 안정세를 보이고 있다. 수출액은 6.3% 증가하여 104억 달러에 달했고 특히 의류수출액은 13%, 농산물(특히 차)은 10.7% 증가하였다.

- 수입액은 6.2%가 줄어서 180억 달러에 머물렀는데 그 대부분은 운송장비 32.7% 감소, 원유수입 14.7% 감소가 주원인이며 무역적자는 GDP 대비 11.4%로 떨어졌는데 이는 2012년보다 4.4% 개선된 것이다.

• 2013년 관광객 수가 27% 증가하여 120만 명에 달하였고 관광수입은 35%나 증가하여 140억 달러에 달했다. 주로 관광객은 중국, 러시아가 현저히 증가하였고 서유럽 역시 큰 증가 폭을 보이고 있다. 해외근로자 송금액은 13% 증가하여 68억 달러에 달했는데 주 요인은 전문 기술자들의 이주에 따른 것이며, 이로 인해 국제수지가 14억 달러로 줄었고 1년 전과 비교할 때 6.6%나 개선된 것이다.

• 포트폴리오투자(간접투자)는 2억 7천만 달러로 그 절반은 콜롬보 증권시장으로 흘러들어 갔으며 외국인투자는 연중 고른 분포를 보였다. 반면에 외국인 직접투자는 42%가 늘어나서 2013년 9개월 기준 연간 8억 7천만 달러에 달했다.

• 향후 경제전망

① 점차 개선되고 있는 대외환경, 높은 투자, 내수 소비시장 회복 등으로 비추어 볼 때 향후 2개년의 지속성장이 가능할 것으로 전망됨. 통화완화정책으로 인해 민간분야에 많은 대출이 예상되며 이는 스리랑카 경제성장의 촉진 제 역할을 할 것으로 보임.

② 2012년 건설산업의 비중은 GDP의 8.1%이고 운송 및 통신은 14.3%를 차지하고 있음. 관광산업 팽창 및 이와 관련된 건설수요는 주목할 만하고 현재 호텔 및 외식업소 증가로 나타나고 있음.

③ 수요측면을 보면, 투자비중이 개선되어서 2010년에 28%에서 2013

년에 31%로 증가하였고 이는 정부의 인프라구축 및 건설공사 팽창으로 나타나고 있음. 통화완화정책은 2014~2015년에도 민간부문 신용공여에도 영향을 미칠 것이고 민간투자로 이어질 것으로 보임.

④ 수출은 2013년 하반기부터 급증하였고 증가세를 유지할 것임. 따라서 경제성장률은 가속화되어 2014~2015년도 2개년도 모두 7.5%대의 견고한 성장세를 유지할 것으로 전망됨.

⑤ 인플레이션은 2009년에 10%로 매우 높았으나 2014~2015년에는 한 자리 수 중간대에서 머물 것으로 보임. 과거와 달리 국제적으로 안정된 원유가 및 식품가격, 정부의 과도한 은행부채 감소 등이 인플레압력을 덜어 줄 것으로 기대함.

⑥ 금리를 추가로 내려 8%대로 유지하고 상하 폭도 줄일 것으로 보임. 신용대출도 늘리는 한편 대 정부부문의 신용제공이 줄어듦에 따라 통화량이 점차 증가할 것으로 보고 있음. 인플레이션은 2014년도에 5%에 머물고 2015년에는 다소 올라 6%를 유지할 것으로 보고 있음.

⑦ 재정수지는 2009년 GDP의 9.9%에서 2013년 5.8%로 줄어들었으나 세수가 여의치 않아 그동안 주로 세출을 관리하는 방향으로 재정적자를 관리해 왔음. 2014년 예산계획에 따르면 높은 세수확보에도 불구하고 세출 또한 16%나 증가하여 5.2%의 적자를 예상하고 있음.

KOTRA 사업 전략

- 관광 관련 한국상품 수요 저변 확대: 스리랑카 관광객은 인도, 영국, 중국, 독일, 프랑스 몰디브, 러시아, 호주, 미국 순으로 많다. 그러나 최근 중국 관광객 수가 급증하고 있다. 또한, 외식산업 및 소비 용품의 소규모 창업지원을 확대할 계획. 건설 기자재 및 기계 철강 원부자재의 현지 소비자인지도 제고와 저변확대를 할 계획임.

- 프로젝트 발굴 및 수주지원활동 강화: 대형복합쇼핑몰, 환경, 도로, 발전, 항만건설 등이 주요 대상 프로젝트. 시행 중인 주요 프로젝트 유형은 도로건설 38%, 항만 16%, 발전소 16% 등이다.

조기착공예상 프로젝트 관심업체 발굴 및 지원

프로젝트	세부 내역	위 치	투자규모 (U$백만)	투자 자금원
Kalpitiya 복합 관광리조트 개발사업	호텔, 위락시설, 골프장, 수변 숙박시설, Ayuvedic(인도전통치유술) 숙박시설 및 온천, 수상스포츠센터, 보트 관련 시설, 해상위락 및 박물관	Kalpitiya 지역 10개의 섬	4,000	외국인 직접투자 (FDI)
Kuchchaveli 리조트 개발사업	40여 개의 해변호텔 건립	Trincomalee 지역	250	
Yala 국립공원 관광리조트 개발	관광객 방갈로, 캠핑장, 캬라반장	Yala 국립공원	5	
Dadduruwa 리조트 개발사업	호텔, 리조트, 친환경 관광시설	Bentota 지역	500	

* 자료원: BOI(스리랑카 투자청)/TDB(관광개발청)

항만 및 공항편의시설 프로젝트

프로젝트명	위 치	투자규모 (U$ 백만)	자금확보원
크루즈 터미널	Galle Port	70	정부-민간 공동(PPP)
요트계류장	Galle Port	20	정부-민간 공동(PPP)
공항 5성급 호텔	Katunayake 국제공항	40	합작투자
면세점 쇼핑몰	Katunayake 국제공항	25	합작투자
공항 환승호텔	Mattala 국제공항	15	합작투자

- 기타 바이어 선 발굴 후 매칭 방식의 상담사업 추진, 유관기관과의 협력사업 확대, 현지 유관기관과의 연계사업 개발 등.
- 2014년 11월 서남아시아 내수시장 구매단을 한국에 파견 계획 중

* 투자 정보는 KOTRA Colombo 무역관 고원철 관장의 도움으로 작성하였으며 다소 부정확할 수 있음.

내가 만난 스리랑카

Yellow Cassia

Part. 4

나는 스리랑카에서 3년간 이런 일을 했다.

긴장과 설렘으로 시작한 첫 근무

2012. 02. 10.

9개의 주(province)에 각각 하나의 COT(College of Technology)가 있고 그 COT 밑에 몇 개씩의 TC(Technical College)가 있다. 전국 총 38개교인데 나는 이 학교들을 총괄 관리하는 본부기관인 기술교육훈련원(DTET: Department of Technical Education & Training)에서 ICT 자문단으로 근무하고 있다.

DTET는 청소년 역량 개발부(Ministry of Youth Affairs & Skills Development) 산하 교육기관이다. 청소년 역량개발부는 기술교육과 훈련 위주의 단과대학을 담당하는 일종의 교육부이고 이와 유사 업무 부처로는 일반 교육부, 상위교육부 등이 있다.

DTET 본부는 직원 수가 약 230명 정도의 조직으로 38개 college의 학사, 구매, 인사 등 모든 행정업무를 총괄한다. 산하 college의 학생 수는 약 23,000명 정도이고 전체 직원과 교수는 2,300명 정도의 큰 조직이다. 이곳에서 수작업 업무량이 많다고 하는 구매관리 업무 및 학사행정 업무 전산화 프로젝트를 자문하고 있다.

현재 DTET 각 부서 업무의 대부분은 약간의 PC 작업을 겸비한 수작업으로 이루어지고 있다. Network는 본부와 6개의 COT에만 연결

되어 있으나 실제 활용되는 업무는 거의 없는 편이다. 간혹 엑셀을 사용하여 자료집계를 하고 있고 각 TC에서는 데이터를 집계하여 본부로 송부하면 본부에서는 그것을 모아서 주기적으로 입력하고 있다. 우리나라 60~70년대의 처리수준과 흡사하다.

이런 환경에서 내가 어떻게, 어느 수준에서 이들을 지도하고 자문을 하여야 할 것인가? 늘 이런 질문을 하곤 한다. 나의 카운터파트(IT Unit 책임자인 Director)는 내가 모든 것을 다 해주기를 바라고 있다. 이곳 직원들의 근무자세는 우리 시각으로는 이해하기 어려운 부분이 많다. 일에 대한 욕심과 목표가 없어 보인다. 그러나 친절하고 행복해 보인다.

나는 평생을 IT 분야에서 근무해 왔다. 프로그래머, 시스템 분석가, 프로젝트 매니저까지 이르는 과정에서 많은 수직적 경험을 했다. 황무지에 집을 짓는 신축공사에서부터 보수공사에 이르기까지 다양한 수평적 경험도 했다. 관리혁신, 행정쇄신, 구조조정에 이르기까지 힘든 고비들을 프로젝트 진행과 함께 경험한 기억들이 생생하다. 지금은 IT쟁이로서 예리하던 감각도 무디어지고 왕성하던 추진력도 많이 줄어든 것 같다. 그러나 무엇이든 할 수 있는 총체적 감각과 자신감은 충만하다.

나는 당초에 공공행정 내무부를 지원했는데 청소년 역량개발부로 배치를 받았다. 코이카 내부의 배치순위 결정 업무처리 과정에서 불가피한 일이 아니었나 생각한다. 참고로 출국 전 혹은 도착 후 근무조건이

변경되는 경우를 종종 경험하게 된다. 스리랑카에는 6명(농업분야 2, 환경 1, 교육 1, 의료 1, 정보통신 1)의 중장기 자문 단원이 근무하고 있다(*지금은 IT 2, 의료 1, 수출 1, 지역 개발 1 임).

코이카 뉴스레터의 단면

2012. 05. 15.

6 WFAs had an annual get-together in order to evaluate their job performance after a full year of service and to enable them to improve further activity plans on January, 2012.
(좌에서 우로, 안영재 환경, 조일연 교육, 윤장원 농업, 조상우 소장, 김재호 농업, 한규언 의료, 박원옥 ICT, 최영미 부소장, 각 자문단원 선생님들과 함께)

World Friends Advisors for sharing e-Procurement system & Food processing knowledge with Sri Lanka

The World Friends Advisors(WKA) program has been established to provide policy consultation for the economic and social development of partner countries by sending Korean experts with sound knowledge and experience in the public sector, to partner countries for about a one year period under this program, at present 6 WFAs have been sent to host ministries in Sri Lanka. This is in the areas of Primary education, Eastern medicine, Agricultural and rural development, Farming technology development, Solid waste management and ICTs(Information and Communication technologies).

On April, 30, 2012, the KOICA Sri Lanka office and Department of Technical Education and Training(DTET), Ministry of Youth and Skills Development jointly organized the workshop on 'Development of e-Procurement Systems' which was held at the DTET in Colombo. The workshop was attended by, DTET Director General, Dr.Chithral Ambawatta, Deputy Resident Representative of KOICA Sri Lanka office, Ms. CHOI Young mee, KOICA ICT advisor Prof. PARK Won ok, directors and principals from 38 Technical Colleges in Sri Lanka and directors of each division in DTET in order to exchange their knowledge and ideas.

This workshop was initiated by KOICA ICT expert Prof. Park, (who has been assigned to DTET for supporting its development of e-procurement system since last January), with the aim of introducing the basic concepts of KONEPS(Korea On-line E-Procurement Systems) and finding its adaptabilities to DTET for upgrading of its procurement process.

During the workshop, Prof. Park touched on some challenges that needed to be solved in order to establish the e-Procurement Systems' in Sri Lanka, such as the non-existence of a procurement leading agency and no leading power from cross-ministerial committees.

In addition, he stressed that the Government leadership for the swift introduction of the e-Procurement Systems' would be a crucial factor for its success. As part of KOICA's technical cooperation program, the seminar led by Prof. Park will contribute not only to promoting the participants' awareness of the merit and impact of advanced e-procurement systems', but also how to facilitate its adaptation to DTET, as well as government departments for improvement of their procurement system.

자문단 활동의 꽃 '워크숍'

2012. 10. 12.

우리나라 전자정부시스템은 세계적으로 유명하다. 2010년 UN 발표 자료에 의하면 전자정부 개발순위(Rankings in e-government development)가 세계 1위였다. 그 중 특히 전자조달시스템(KONEPS: Korea On-line E-procurement Systems)부문에 있어서는 단연 확고하게 선두자리를 지키고 있었다.

KONEPS는 UN으로부터 2003년 Public Service Award, OECD로부터 2004년 Best Practice for improving transparency acknowledgement를, WCIT로부터 2006년 Global It Excellence Award를 각각 수상하였다.

그래서 나는 국내에서부터 KONEPS를 집중적으로 study하고 자료를 준비하였다. 도착해서도 한동안 한국, 튀니지, 몽골, 코스타리카 등의 구축사례에 관해 전화, 이 메일 등으로 연락을 취할 수 있는 곳은 연락해서 자료를 수집하였다.

한국의 전자조달시스템 소개 및 학사행정시스템 정보화 추진방향과 수준 설정에 관한 워크숍이었다. 전국 college에서 모인 director, principal 등 약 80명 이상이 참석했다. 먼저 한국의 전자조달시스템을 위주로 한 전자정부시스템을 소개하고 단계별로 현 문제점과 향후 추진계획 등을 발표했다.

지금 스리랑카에는 전자조달업무를 관장하는 조직이 없다. 얼마 전까지 NPA(National Procurement Agency)가 있었는데 조달 전담기관인 NPA가 해체되었다. 조달업무는 각 기관으로 분산되어 처리되고 있다고 한다.

특별 초청강사로 ICTA의 프로그램 스페셜리스트 한 사람을 초빙하였다. 스리랑카 e-Government에 관한 일반적인 사항을 강의해 달라고 부탁했다. Ministry에서는 긴급 국회차원의 회의가 있어서 아무도 참석하지 못한다고 했다. 물론 DG도 그로 인해 불참했다.

코이카에서는 소장, 부소장이 참석했다. 자문단원으로 계신 안 교수께서도 참석하셨다. 소장의 연설 전에 지난주 낙뢰 사고로 고인이 된 두 봉사단원을 위한 묵념의 시간을 가졌다. 내가 행사 주최 측에 미리 부탁하여 이루어진 것이다.

전자조달 시스템 워크숍 모습 (DTET, 2012. 10. 12.)

워크숍 후 기념촬영 (DTET, 2012. 10. 12.)

모든 일정을 12시쯤 끝내고 소장 부소장을 포함한 코이카 식구들은 식당으로 이동하여 점심 식사를 했다. 식사는 내가 대접을 했다.

그리고 오후 6시부터 스리랑카 파운데이션에서 칵테일파티를 가졌다. 거의 대부분이 참석을 했고 나는 주빈으로서 모든 참석자를 환영하며 다양한 대화를 나누었다. 자문단원인 안 교수, 한 교수 부부도 참석했다. 위스키를 즐기며 모두 화기애애한 분위기에서 대화를 즐겼다. 8시쯤 마무리하고 모두 헤어졌다.

Sri Lanka Foundation Cocktail Party, Director들(2012. 10. 12.)

Sri Lanka Foundation Cocktail Party, 자문단원들(2012. 10. 12.)

우리는 많은 비용을 들여 그들을 위해 업무개발을 지도하며 워크숍을 개최하고 있다. 목숨을 빼앗기면서 우리는 그들을 위해 봉사하고 있는 것이다. 지난주에 젊은 단원 두 명이 목숨을 잃었고 세 명이 부상을 입고 한국으로 응급 후송되는 큰 사고가 발생했다. 과연 그들이 얼마나 우리를 이해하고 우리의 노력을 고귀하게 받아들이는지 나는 의심스러울 때가 있다.

우리의 봉사와 희생이 당연하다는 듯이 받아들이는 것 같음을 느낄 때가 가끔 있다. 노골적으로 무엇을 달라고 할 때도 종종 있다. 아마 수혜국으로서의 오랜 습관이 아닌가 생각해 본다. 그들은 착하지만, 예의가 부족한 편이다. 지난번 행사 때 USB를 선물했더니 다음 행사 때는 노트북을 선물로 달라고 하는 사람도 있었다. 봉사. 과연 필요한 것인가? 다른 한 면에서는 국민성을 망가트리고 있는 것은 아닌지 걱정스럽다.

호스트로서 정신없이 바쁘게 많은 사람과 대화를 나누고 예의를 갖추며 자세를 낮추었다. 술은 감기로 못했다. 프레젠테이션도 무사히 마쳤다.

전자조달 시스템을 Department Level에서 도입하는 것은 적절치 않다는 의견은 처음부터 피력했었다. 지금은 조직 수준에 맞는 조달 시스템 구축과 현존시스템(EMIS) 업그레이드에 방안에 대해 자문을 하고 있다.

내가 터득한 근무자세와 방법

2012. 10. 15.

지난달 나는 한국 휴가를 다녀왔다. 1년을 근무하는 동안 21일간의 휴가를 근무 6개월이 지난 후 언제든지 사용할 수가 있다. 휴가 중 나는 치과 등을 다니면서 꼭 필요한 치료를 하였고 몇 가지 검사도 받았다. 치과에서는 부러진 임플란트를 고정했고 다른 검사 결과는 특별한 점이 없어 다행이었다.

그런데 휴가 후 체중이 4~5kg 늘었다. 매일 3끼를 먹고 술도 자주 마셨으니 그럴밖에. 스리랑카 복귀 후 다시 긴급회복 시스템을 가동했다. 그동안 내가 얼마나 무질서한 식생활을 했던가!

휴가 마지막 날 서울에서 다른 나라에 파견되었다가 귀국한 몇몇 자문 단원들을 만날 수 있는 기회가 있었다. 그들의 생활여건과 근무환경 등에 대하여 그들과 많은 얘기를 나누었다. 각자의 근무 국가와 근무 부처가 다르긴 해도 근무환경이나 근무 조건에 있어서 상당 부분 유사한 느낌을 발견할 수가 있었다. 그동안의 상황과 경험들에 비추어 근무요령, 근무 자세를 나름대로 정리해 보고자 한다. 많은 사람에게 참고되었으면 좋겠다.

– 첫 미션에 충실하라. 애초에 현지 기관에서 코이카에 요청하여 대상

자를 선정할 당시의 파견 목적과 사명을 기억하며 업무를 진행하여야 한다. 어떤 이유로 본래 목적대로 업무 진행이 잘 안 되거나 근무기관의 요구로 업무의 우선순위를 바꿔 진행해야 할 경우 반드시 코이카와 상의하여 업무를 진행하여야 하며 문서화하는 것이 좋을 것이다. 그렇지 않으면 차후에 문제가 발생할 소지가 있고 또 정신적 고통이 수반될 수 있을 것이다.

- 주도는 내가 한다. 현지 기관에서 구체적이고 적극적으로 지침을 정해주지는 않는다. 배치 후 몇 개월이 지나도 아무런 관심도 없는 것처럼 가만히 내버려둔다. 모든 계획과 범위, 방법은 내가 주도를 하고 그들을 반복해서 교육하고 이끌고 가야 한다. 그래도 업무의 생산성은 없고 진도도 더디다. 모든 주도는 내가 하고 책임도 내가 진다는 자세로 임하여야 할 것이다. 우리가 전문가이기 때문이 아니라 현지인들의 속성을 이해하고 진행하자는 뜻이다. 심지어 자기 고유의 일까지도 나에게 부탁하는 경우가 종종 있다.
- 무엇이든지 하고 누구와도 만나라. 주어진 사명을 잊지 않고 충실히 수행하는 것이 중요하나, 그것만 하기보다는 무엇이든지 그들이 원하는 것이든 원하지 않는 것이든, 할 수 있으면 해주는 것이 좋다. 부서별로 그들이 원하는 것이 다를 수 있고, 그들에게는 나에게 주어진 사명보다는 더 중요한 일이 있을 수 있다. 그리고 경비에서 장관까지 우리는 누구와도 만나 얘기할 수 있어야 할 것이다.
- 욕심은 금물이다. 업무의 생산성은 낮고 효율성도 많이 떨어진다. 나

의 기준으로 업무계획을 세우고 추진하다 보면 점점 회의에 빠지게 되고 마침내 포기 단계에까지 이를 수도 있다. 그들과 함께 일하다 보면 목표의식도 부족하고 욕심도 없다. 목표 날짜를 정하고 추진해서 된 적이 한 번도 없었다. 절반 정도의 의욕과 두 배 정도의 기간으로 접근하면 될 것이다.

– EQ가 중요하며, 화를 내지 마라. 우리는 EQ를 Emotional Quotient, 즉 감성지수로 해석한다. 나는 이것을 감정이입(感情移入)으로 받아들이고자 한다. 나의 감정이 상대방의 감정 속으로 들어갈 때 비로소 상대의 마음상태를 이해할 수 있다고 본다. 처음에는 현지인들의 일하는 방법과 속도를 이해 못 하여 화를 낸 적도 있었다. 그들의 마음 상태를 이해하고 적응하는데 꽤 시일이 걸렸다. 그러나 이 사람들은 화를 내는 사람들을 이해 못 하는 것 같았다.

– 확인 또 확인하자. 한두 번의 확인으로 어떤 일을 마무리하려고 하면 오산이다. 서너 번씩 해도 안 되는 경우를 많이 경험했다. 대충 듣고 답하거나, 창피한 생각에 그렇다고 하거나, 끝에 가서 변명하는 등 어떤 이유로든지 원하는 바를 제때 하지 못하는 경우가 대부분이었다.

– 한국 근무 강도의 절반 이상은 하라. 그렇다고 우리도 마냥 그들과 같은 페이스로 생활하면 안 될 것이다. 우리는 업무 외적으로 그들에게 모범적인 자세를 보이는 것도 봉사라고 생각한다. 적어도 한국에서 근무하던 강도의 절반 이상은 보여 주고 성과도 있어야 할 것이다.

– 코이카에 감사하며 웃으면서 일하라. 나는 지금 현재 나의 모습을 가장 멋있다고 생각하려 한다. 코이카에 감사하는 마음으로 즐겁게 일하려 노력한다. 외롭고 정신적으로 힘들 때도 많다. 업무로부터의 보람과 남으로부터의 인정으로 내 인생을 살아왔다고 해도 과언이 아니다. 지금보다 더 중요하고 보람 있는 일을 할 기회를 찾기는 앞으로 쉽지 않을 것 같다.

현지직원 전산교육 현장

2012. 10. 19.

오늘은 본부직원 75명을 상대로 전산 교육을 실시했다. 다음 주에는 또 75명 정도를 2차 교육할 계획이다. 그러면 금년도 공식적 큰 행사는 실질적으로 마무리되는 셈이다.

총무부서와 회계부서 직원들이 상대적으로 숫자가 많아 오늘은 두 부서를 상대로 교육했다. 대부분이 여직원들이었다. 영어가 약하다고 해서 가능한 한 쉽고 단순한 영어로 설명했고 중간 중간에 중요한 부분은 내 파트너에게 얘기해서 통역해 주도록 했다. 질문하라고 해도 여직원들은 아무도 질문을 하지 않았다. 아주 부끄러워하는 것 같았다. 다만, 남자들 두세 명만이 질문했다.

지금 DTET에는 13개의 모듈로 구성된 EMIS(Education Management Information Systems-학사행정 종합정보 시스템)을 운영하고 있으나 가동률이 30%에 미치지 못한다. 실제 데이터가 실시간(real time)에 이동하는 것은 없다. LGN(Lanka Government Network)의 일반속도는 512Kbps, EMIS의 사설망 속도는 128Kbps에 불과하다. 우리나라 대학교는 보통 155Mbps 이상이었던 것으로 알고 있다. 인터넷 접속 속도를 개선하지 않고 업무개발 후 운영이 될는지 고민

되지 않을 수 없다.

교육은 한국의 전자조달시스템을 중심으로 한 전자정부시스템 소개와 기관의 IT 시스템 전반에 관한 내용이었다. 38개 대학과 본부에서 사용하고 있는 시스템인 EMIS 업그레이드 방안에 관한 내용이었다. 교육은 오전 11시부터 시작하여 12시 30분쯤 끝났다. 그리고 곧바로 점심이 배달되었고 모두 맛있게 먹는 모습을 보여주었다. 이것 역시 코이카에서 제공한 것이다. 식사 후 모두 교육내용과 점심이 너무 좋다고 하며 칭찬을 아끼지 않았다. 프로젝트 추진에 있어서 구성원들과의 정보 공유는 그래서 중요한 것 같다.

나는 중간 중간에 농담도 했으며 분위기를 재미있게 유도하려고 노력했으나 이들은 좀처럼 이런 분위기에 익숙해져 있는 것 같지가 않았다.

지난번 워크숍 때와 마찬가지로 오늘도 KONEPS 동영상을 서두에 상영했다. 이것을 한국에서 준비해온 것이 정말 다행이라는 생각이 든다. 나름대로 의미 있는 행사였다. 이제는 EMIS 업그레이드 방안에 대하여 시간을 할애할 계획이다.

현지직원 전산교육 모습(DTET, 2012. 10. 19.)

ICT 자문단원의 고충

2012. 11. 11.

자문단원 파견 목적은 국내 퇴직(예정)인력의 해외 진출을 활성화하고 경제발전 경험의 전수를 통해 개도국의 경제, 사회개발 및 빈곤퇴치 기여에 있다. 개도국에 파견되어 근무하는 자체로써 목적 일부는 달성되었다고 하면 안 될 것이다. 기여도 있는 근무를 할 때 파견의미가 있게 되기 때문이다.

그러나 기여도를 측정 판단하는 기준이 상당히 모호할 수 있다. 각 전문분야에서 수행한 업무실적을 누가 정확하게 평가하느냐 하는 것이다. 계량화 가능한 업무실적이 있다면 평가가 쉽다. 근무 기관장의 강력한 연장근무 요구도 긍정적 평가의 객관적 수단이 될 수 있을 것이다. 또한, 연장계약 신청 근거로써 충분할 것이다.

나는 ICT 자문단원이다. 가시적인 실적 output을 만들기가 쉽지 않다. 새로운 시스템을 개발하거나 도입하자면 예산과 인력이 필요한데 추진이 쉽지 않다. 운영 중인 시스템의 보완이나 방법에 대한 자문실적을 많은 분량의 결과물로 도출하기는 쉽지 않다. 한두 가지의 핵심 내용을 바꾸면 어마어마한 효과를 미래에 가져다주는 경우도 있기 때문이다.

선진국 전자정부시스템 도입이 내 혼자만의 능력과 힘으로 되는 것인가? 국정책임자의 의지나 주관부처의 강한 추진력이 전제될 때 겨우 시작될 수 있는 범국가적 프로젝트가 아닌가? 지금 스리랑카에는 이러한 프로젝트를 추진할 힘 있는 주관부처가 없다. 힘 있는 부처인 Ministry of Finance and planning이나 ICTA에서는 적극적으로 나서지 않고 있다.

조달청은 없다. 범국가 차원의 정보화 추진 컨트롤 타워도 없다. 대부분 업무를 각각의 부처에서 추진하거나 예산상의 문제로 추진 중에 유보되어 있는 실정이다.

기존 시스템의 잘못되어 있는 부분을 지적하고 개선방법을 자문하는 것은 크게 어렵지 않으나 서너 페이지 분량의 보고서로 충분할 것이다. 방법상의 문제나 설계 오류 등은 기술할 내용이 간단할 수 있기 때문이다. 그러나 그것도 보수하기에는 너무나 큰 공사일 경우에는 이러지도 저러지도 못하여 결국 자문의 의미가 퇴색될 수밖에 없다.

성과물에 대한 정신적 부담으로 잠을 못 이룰 때가 잦다. 중간보고서 작성이 대단히 신경이 쓰인다. 분량이 부족하면 부실하다고 할 것이기 때문이다. 최고 경영자의 강력한 의지가 뒷받침되고 나에게 모든 권한(예산집행, 인력 투입 등)이 주어졌던 과거에도 프로젝트 성공을 장담할 수 없었던 때가 많았다.

신규 프로젝트 추진도 어렵고 보완하기에도 문제가 있는 경우 자문할 수 있는 것이 과연 무엇일까? 사실 난 이 부분을 출국하기 전부터 고민했다. 중간보고서에 대해서도 물론 스트레스가 있을 것을 예상했다. 활동내용을 첨부하여 일정분량의 보고서를 만들 수는 있으나 과연 그것이 무엇을 개선하고 결과를 도출한 것에 대한 보고서인가?

제대로 된 마스터플랜 작성이나 BPR/ISP 작업을 혼자서 할 것인가? 1년 이내에 보여줄 수 있는 성과물이 과연 무엇일까?

주관부처나 힘 있는 부처에서 근무하지 않은 경우의 애로사항은 많다. 국가 차원의 정보화 관련 자료를 구하기가 어렵다는 것이다. 나의 파트너에게 부탁해서는 되는 것이 아무것도 없다.

주요기관에 몇 번 방문했으나 폐쇄적이고 경계를 하는 분위기였다. 스리랑카는 아직 국가 차원의 정보화 사업 마인드 조성은 되어있지 않은 것 같다. 지난 4월 스리랑카 대통령이 한국을 방문하여 체결한 MOU(EDCF U$200M) 중 ICT 분야는 아직 후속 작업 진행이 되지 않고 있다. 쉽지 않은 과제임에는 틀림없는 것 같다.

좀 다른 얘기지만, 자문단원들의 호칭 사용문제도 혼란스럽다. 자문단원들의 전직 신분이 다양하다 보니 호칭도 각양각색이다. 박사, 교수, 선생, 자문위원 등 다양하게 사용하는데, 심지어 동일인물을 수시로 다르게 부르기도 한다. 통일하기가 쉽지 않은 것일까?

어렵게 이룬 근무연장

2012. 12. 18.

‘코이카로부터 IT 자문단 파견에 관한 당신의 의사를 전달받았고 그 입장을 충분히 이해한다. 귀 부처의 IT 업무와 나의 문제에 대하여 당신과 얘기를 나누고 싶다’며 만날 것을 제의했고 그는 좋다고 했다.

그의 휴대폰으로 내가 직접 전화를 했고 얼마 후 우리는 그의 사무실에서 한 시간여 동안 그동안 그가 가졌던 코이카에 대한 섭섭함과 향후 진행할 업무에 대하여 대화를 나누었다. 그는 약 2년 전부터 코이카에 IT 전문가 파견을 3~4차례 요청했는데 받아들여지지 않고 있어 무척 화가 났다는 것이었다. 나는 공공행정 내무부의 전문가 파견을 요청한 책임자인 Additional Secretary(AS: 차관보에 해당)을 만나 나의 근무 기관 변경신청(전 근무지에서 임무완료 후 타 근무지로 변경 신청)에서 그로부터 거부당한 이유를 물었고 그는 그렇게 대답한 것이다.

‘전문가 선발과 파견이 그렇게 쉬운 일이 아니니 코이카를 이해해 달라’고 설명을 했다. 그리고 내가 1년 전 지원자였으나 본의 아니게 현재의 부처에서 근무하게 되었으며 당신이 원한다면 도와줄 준비가 되어 있고 그렇지 않으면 내일 1월 4일 한국으로 귀국할 계획이라고 했다.

그는 코이카에 거부 공문 보낸 것을 몇 차례 독백처럼 언급하더니 마지막으로 나에게 도와줄 것을 부탁했다.

그는 숙소와 차량문제를 해결해 주겠다고 했다. 대단히 깐깐한 친구였고 내가 만난 현지인 중에서 가장 만만치 않은 친구라는 생각이 들었다. 나는 면담 결과를 코이카 사무소에 통보했고 귀국하기로 작정했던 마음을 다시 정리했다. 그 이후에도 재요청 공문 내용과 절차 등으로 약간의 논란이 있었으나 큰 문제는 발생하지 않았다.

상대방도 번복공문(이미 전문가 파견을 거부했다가 다시 요청하는 문서)을 보내는 것 자체가 쉽지 않을 것이며 입장이 곤란한 면이 있지 않겠느냐면서, 당사자와 직접 통화를 해서 후속 절차를 잘 마무리해 달라고 소장에게 당부하고 마무리했다.

그곳 입장에서 보면 내가 다른 부처로 간 후 서너 번 더 내정자의 파견이 이루어지지 않았으니 그 기분도 이해가 된다. 섭섭함을 느끼지 않도록 상황설명을 해주는 절차(공식 문서이건 인간적인 대화이건)를 소홀히 한 것이 아닌가 하는 생각을 해 본다. 나는 AS라는 것 외 얼굴도 이름도 전화번호조차도 모르는 사람을 수배하여 만나 나의 근무연장을 담판 지은 것이다. 현지기관에서 봉사를 거절하는 것은 이해가 되지 않고 뭔가 사정이 있을듯하여 귀국을 준비하다가 갑자기 그에게 전화해서 얻은 결과였다. 정확한 판단력과 용기가 이끌어 낸 결과였다.

첫 근무지를 마무리하다

2013. 01. 09.

지난 28일은 내가 1년을 근무한 기관의 업무를 마무리하고 정리된 보고서를 인계하는 행사(Handover Ceremony)를 가졌다. 코이카 소장, 부소장과 DTET의 DG, ADG 등이 참석했다. 그리고 오늘은 또 DG를 포함한 몇몇 인원들이 헤어지기가 섭섭하고 그동안 업무에 고맙다며 감사패를 전달해 주겠다고 하여 감사패 전달식을 가졌다.

시나몬 그랜드 호텔에서 식사하며 우리는 그동안의 정을 나누었다.

보고서 Handover (2012. 12. 28.)

감사패 수령 (2012. 01. 09.)

공공행정 내무부로 출근을

2013. 01. 18.

지난 1월 7일부터 공공행정 내무부로 출근하기 시작했다. 지난해 말에 AS를 만났고, 근무해 달라는 부탁을 받고 연장처리가 된 것이다.

7일은 Secretary와 상견례를 가졌고 그 다음 날은 정보화 관련자 약 15명과 상견례를 가졌다. 그리고 16일(수: 매주 수요일은 Public Open Day라 하여 고위직 근무자는 시민들의 의견이나 건의를 듣고 정책에 반영하는 날)에는 장관을 만나 인사를 했고, 지금은 하루하루를 무척 바쁘게 보내고 있다.

집도 어렵게 구하여 이사를 하였고(기관에서 제공하는 관사는 적절하지 않아서) 출퇴근 차량도 제공 받았다. 집은 지난 연말에 연장이 어렵다는 이유로 귀국할 것을 통보받고 임대의뢰를 한 것이 벌써 세입자가 결정이 되어 며칠 만에 급하게 이사를 할 수밖에 없었던 것이다. 새집은 약간 변두리에 위치한 현지식 개인주택인데 불편한 점이 많았다. 어제는 나의 카운터파트인 AS가 나의 집을 방문하고 싶다고 하여 집으로 초대했다. 돼지고기 안주와 소주를 즐겼는데 그는 소주와 김치를 무척 좋아했다. 이번 주말에는 그의 집으로 초대하겠다고 한다.

부처 내에 그의 위에는 Secretary가 있기는 하나 그가 실권자인 듯

보였다. 여러 가지 크고 작은 프로젝트들이 진행 중이거나, 중단 상태 혹은 계획 상태로 있는데, 내가 모두를 검토해서 좋은 방안을 제시해 줄 것을 그는 바라고 있다.

가장 큰 문제는 그 어느 것도 제대로 서류정리(Documentation)가 안 되어 있다는 것이고, 된 것마저도 싱할라(Sinhala)로 되어 있다는 것이다. 또한, IT 비전문가가 외주 용역을 관리하고 있어서 그들의 설명을 정확히 이해하기도 쉽지 않다는 점이다. 그것도 서로가 제2외국어인 영어로 대화하면서.

Secretary와 상견례 (2013. 01. 07.)

다음 주에는 스리랑카 IT 정부기관인 ICTA를 방문하여 좀 더 심도 있는 대화를 나누어 볼 계획이다. 그들이 각 부처의 많은 프로젝트를 컨설팅한다고 한다.

장관과 함께 (2013. 01. 16.)

오늘은 연장 신청한 새 여권이 나왔다고 대사관으로부터 연락이 왔다. 코이카 사무소에 가서 비자 연장신청을 하였다.

Add. Secretary와 지방출장을

2013. 03. 16.

공공행정 내무부는 한국의 행정 안전행정부와 같은 기능을 수행한다고 보면 될 것 같다. 국가 행정정책 수립 및 교육, 인력관리 및 수급 등 다양한 업무들을 수행하는 부처이다.

부처 산하에는 9개 province가 있고, 25개 district, 332개의 division, 그리고 마지막으로 14,022개의 village(이것을 GN: Grama Niladhari라고 부르는데 Grama는 village이고 Niladhari는 office라고 한다)가 있다. 현재 여기에는 크고 작은 정보화 추진 프로그램들이 약 17개 정도가 진행되거나 보류되어 있는 상태이다. 나는 이것들의 문제점을 분석하고 판단해서 어떻게 정상화하여 가동시킬 것인지를 자문하고 있다.

얼마 전에는 두 달 동안 만든 분석보고서를 IT 추진 Group들과 Secretary에게 설명회를 가졌다. 그리고 district 및 division secretariat 그리고 GN을 방문하여 업무운영 실태를 파악하였다. Seethawaka division 및 pollunaruwa district, GN을 AS와 당일 코스로 각각 다녀왔다. 폴론나루와는 콜롬보 동북방향 약 218km 거리에 위치한 도시인데 그는 교통체증이 심하니 새벽 4시에 출발하자고

하여 3시부터 밤잠을 설치고 당일로 다녀왔다. 현지인의 부지런한 면을 볼 수 있는 대목이다.

부처 내 곳곳에는 벌어진 업무는 많은데 정상적으로 운영되는 업무는 한 가지도 없었다. 전부를 자문하지만, 특히 우선 한 가지를 집중적으로 정상화하기로 합의를 보았다. 그 첫 번째 대상 프로젝트가 GNIS(Grama Niladhari Information System)이다. 지방 마을 단위까지 배치되는 부처 내 전체인력을 관리하는 프로젝트라고 보면 될 것 같다. 대상 인력은 만 명 이상인데 수작업관리에 문제가 많다고 한다. 이미 개발되어 운영되고 있던 시스템인데 문제점이 너무 많아 운영이 중단되고 다시 수작업으로 하고 있다고 한다.

Pollunaruwa District 회의 (2013. 03. 08.)

seethawaka Division 업무파악 (2013. 02. 20.)

IT 추진그룹 분석보고서 설명회 (2013. 02. 26.)

싱할라 왕조가 아누라다푸라(Anuradhapura), 폴론나루와(Polonnaruwa)로 수도를 옮겨 다녔고 이곳은 우리나라 경주와 같이 문화유적지가 많은 곳이다. 두 곳이 비슷하여 한 곳만 보면 될 것이다.

아래는 승려(혹은 황제)가 목욕했다고 하는 연지(Louts Pond)라는 연꽃 모양의 아름다운 목욕탕이다. 현지어로 Nelum Pokane(Louts Pond)라고 하며 콜롬보 시내에는 그 이름을 딴 대형 극장도 있다.

폴론나루와, Lotus Pond (2013. 03. 08.)

IT 문제점 개선방안 모색을 위한 워크숍

2013. 04. 23.

공공행정 내무부에서 근무한 지가 벌써 4개월이 다 되어 간다. 2월에는 문제점 분석보고서를 토대로 설명회를 가졌고 오늘은 거기에다가 전자정부 내용까지 추가하여 문제점 개선방안 모색을 위한 워크숍을 가졌다. 후반에는 많은 질문과 토론이 이어졌다. 한국의 전자정부 현황을 소개하고 스리랑카 전자정부 추진실태도 소개했다. 그리고 프로젝트가 성공하기 위한 주요 성공 요인을 중점적으로 설명했다.

Secretary, AS 그리고 타 ministry와 department에서 관심 있는 자들이 참석했다. 숫자가 많지는 않았지만, 관련자들이 고루 참석한 것 같아 기분이 좋았다. 약 50명 정도 되는 것 같았다. 중식은 현지식 뷔페로 제공하였고 16GB USB를 선물로 나누어 주었다.

크숍 프레젠테이션(SLIDA Hall에서, 2013. 04. 23.)

워크숍 후 기념품 증정

스리랑카 IT 수준은 아직 초보단계다. 기본 인프라는 많이 부족하고 정보화 추진 의지나 조직도 턱없이 부족하다. 물론 예산이 가장 중요한 변수다. 우리나라 전자정부 추진 당시 얼마나 힘들고 어려웠던가! 그리고 오랫동안 추진하지 않았던가! 결코, 쉬운 프로젝트가 아닌데 이곳 사람들은 개념이 부족해 보인다. 이제 큰일 한 가지를 오늘 마무리했다. 무사히. 만족스럽다 오늘은!

행사 후 단체기념촬영

KOICA workshop on e-government held

The workshop on 'Improvement of Management System in Sri Lanka towards e-government' jointly organized by the Public Administration and Home Affairs Ministry with Korean International Cooperation Agency (KOICA) was held at the Sri Lanka Institute of Development Administration (SLIDA), auditorium recently.

KOICA ICT advisor Prof. Wonok Park, who is assigned to do the re-engineering work of the MOPAHA e-programmes since last January, exchanged his views with senior officers of the ministry and urged for a feasibility study for the advancement and upgrading of the network facilities.

Ministry's Secretary P.B. Abeykoon, Additional Secretary J. Dadallage, KOICA resident representative of Sri Lanka Cha Sang Woo also attended the workshop.

Daily News 기사 (2013. 05. 06.)

KOICA helps improvement of Sri Lanka e-Government

On April, 23, 2013, the KOICA Sri Lanka office and the Ministry of Public Administration and Home Affairs (MPAHA) jointly organised the workshop on 'Improvement of Management Information System (MIS) in Sri Lanka towards e-Government, which was held at the SLIDA (SL Institute of Development and Administration) in Colombo.

At the workshop, the attendees were Mr. Abeykoon, Additional Secretary, Mr. Dadallage, director generals and directors from MPAHA, KOICA Resident Representative, Mr. Cho, Sang Woo and ICT advisor Prof. Park, Wonok.

Under the KOICA's World Friends Advisors Programme, Prof. Park, who has extensive knowledge and experience in ICT sector in Korea, was assigned an advisor of ICT area for the MPAHA since January 2013.

This workshop was being conducted as part of Prof. Park's one year assignment in MPAHA for evaluating current problems of developed MIS and seek better ways of modifying and upgrading of the MIS by introducing basic concept of Korea e-Government.

As a follow-up measure of this workshop, Prof. Park will provide consultation on improvement of MIS including GNIS revitalisation, 16 MIS programme problem solving, Policy consultation of IT Man Power and organisation restructuring. To support for Prof. Park to achieve this goals, KOICA continues to assist in Prof. Park to discharge his duties and thereby contributing to improvement of e-Government in Sri Lanka.

Daily Mirror 기사 (2013. 05. 02.)

드디어 완성한 ICT 발전 계획

2013. 09. 14.

얼마 전 또 한가지의 보고서를 기관장에게 제출하였고 나의 파트너는 대단히 만족해하는 것 같았다. 그 친구가 누구인가? 이곳 Ministry에는 장관이 있고 그 밑에 Secretary가 있다. 또 그 Secretary 밑에는 AS가 3명 있다. 그 AS 중 가장 고참이다. 그리고 Secretary는 은퇴하고 대통령의 배려로 6개월 단위로 연장 근무를 한다고 하니 그가 더욱 실세인 셈이다.

그는 성질이 고약한 편이다. 조금이라도 자기 마음에 차지 않으면 소리를 지르고 화를 내며 사정없이 평소에 생각하던 무슨 소리든지 하는 친구이다. 그는 그동안 나에게 몇 번이고 신경질을 내었고 화풀이를 했다. 자기의 오해에서 비롯되건 아니 건 상관없이. 한 번도 만족해하거나 고마워하는 적이 없는 친구다. 그런데 그는 오늘 나의 보고서 설명회 중에는 무척 기분이 좋았고 많은 농담까지 하였다.

보고서는 향후 ICT 부서의 발전 방향에 관한 총체적 내용을 담고 있었다. 충원계획, 장비 확장 계획, Data Center(서버 룸) 운영계획, 조직 격상 문제 등이 주 내용이다. 나를 ICT 부서 장기 자문위원으로 임명하겠다며 나의 위치를 조직도에 표시하라고까지 했다. 그는 이 보고서를 토대로 향후 ICT 부서를 운영해 나아갈 것이라고 했다.

우리 자문단원들은 해외 생활에서 현지인들과의 관계, 특히 파트너와의 관계는 가장 중요한 변수로 작용할 수 있다. 나는 그동안 그가 싫어서 중도귀국까지 생각했었다. 이제 좀 좋아진 것 같으나 아직도 마음이 놓이지 않는다. 그는 심한 우울증이나 심리적 히스테리가 있어 보였다. 스리랑카인에게서는 좀처럼 보기 어려운 모습이다.

그는 그동안 'practical solution', 'actual solution', 'one time solution' 등을 몇 차례 언급했었다. 나는 그때마다 전산분야에 'one-time special solution'은 없고 'step by step'밖에 없다고 한 바 있다. 나는 그가 좋은 ERP package 정도를 도입하여 모든 업무를 처리하기를 바라는 것으로 생각했다. 그의 가족 모두는 캐나다에 산다고 했다. 그는 혼자서 스리랑카에 살고 있다.

우리 자문단원들에게 에러가 없는 정확한 커뮤니케이션은 상당히 중요하다. 자문단원들의 해외 생활과 업무처리에서 신경을 써야 할 가장 중요한 대목이 아닌가 생각한다. 중요한 부분은 반드시 문서화하여 상호 교감과 이해를 돕는 것이 중요하다고 생각한다.

아래 사진은 한참 후 새로 영입한 나의 파트너 SAS Ms. Samanthi와 함께 ICTA를 방문하여 전자정부 책임자인 Director Mr.

Wasantha와 함께 회의를 마친 후 찍은 사진이다.

Wasantha, Samanthi와 함께 (ICTA에서, 2014. 1. 29)

장관과 함께 한국 Global e-Government Forum에

2013. 10. 28.

10월 20일부터 25일까지 한국 KINTEX에서 열리는 글로벌 전자정부 포럼 (Global e-Government Forum 2013, Seoul)에 장관과 함께 다녀왔다. 한국 안전행정부와 UN(UNDESA)이 주최하고 정보화 진흥원(NIA)가 주관하는 작년에 이은 두 번째 국제행사였다.

스리랑카에는 초청 문서조차 보내지 않은 것을 내가 어렵게 안전행정부와 외교통상부에 연락하여 우여곡절 끝에 성사시킨 작품(?)이다. 다른 나라에서는 쉽게 참가신청을 하여 참석을 한 것 같은데 스리랑카는 시작단계부터 어려움이 많았다.

포럼에만 23개국 25명의 장·차관을 비롯해 45개국 고위급 인사 300여 명 등 모두 1,200명이 참가하였으며, 개방(Openness), 공유(Sharing), 소통(Communication), 협력(Collaboration)을 통한 Smart Government, Smart Society 구현을 목표로 하는 국제행사였다. 2014년 개최지는 카자흐스탄으로 결정되었으며 이후 국제 Conference가 25일까지 진행되는 행사였다.

첫날은 서울로의 이동이었고, 둘째 날은 서울시청 도시교통본부 교통정보센터와 강남구청을 방문하여 정보화 시스템을 견학했다. 셋째

날은 국가별 발표와 토론을 하였으며 스리랑카는 장관이 발표하지 않겠다고 하여 수행원이 대신하였다. 물론 자료는 내가 만들어 주었고 내가 직접 발표를 하려고 했으나 안전행정부에서 한국인에게는 발표자격을 주지 않는다고 했다. 마지막 날은 하이 레벨 라운드 미팅을 하고 단체기념촬영을 하였다.

저녁에는 주한 스리랑카 대사의 초청으로 관저로 방문하여 만찬을 즐겼다. 24일에는 공식행사가 없어서 장관과 스리랑카대사관 직원, 현지 사업가 몇 명을 초청하여 중식식사 대접을 하였다. 출장기간 동안 난 개인적으로 가족과의 식사는 24일 저녁에 한 번밖에 할 수 없었다. 4일간의 일정은 너무나 바쁘고 짧았다. 매일 아침에 서울에서 일산을 출근하고 저녁 늦게 대중교통으로 퇴근하였다. 물론 출장비에 숙박비는 포함되지 않았다. 출장비는 겨우 교통비 정도였다.

스리랑카의 전자정부 구현의지나 조직은 미약하다. 이번 장관의 국제 행사 참석은 여러모로 스리랑카 전자정부 구현에 도움이 될 것이라 생각한다. 장관의 생각은 벌써 많이 바뀌어가고 있었다. 나에게 앞으로 전자정부 현황분석 보고서를 만들 것을 주문하였고 향후 모든 보고는 자기에게 직접 하라고 지시하였다.

장관은 활동이 대단히 열정적이었고 순간 대처 능력이 탁월했다. 몇 번에 걸쳐 발언기회를 자발적으로 가졌으며 쉽게 타인과도 대화의 분위기를 조성해 나갔다. 나에게는 개인적으로 무척 친근하게 대해 주었고 솔직한 농담도 주저하지 않았다. 현지장관을 모시고 국제행사에,

특히 한국을 방문한 것은 개인적으로나 업무적으로 대단히 의미 있고 좋은 경험이었다는 생각이 든다.

공항 입출국 수속에서 장관에 대한 예우는 기대 이상으로 대단했으며 나도 함께 움직였다. 짧은 여행 기간 중 단 하루의 빈 일정에는 전북 익산의 어느 병원에 입원해있는 스리랑카 교민을 문병할 정도의 인간미와 열정을 가진 분이었다. 전자정부 포럼에서 얻은 소득보다 더 값진 배움을 얻었다.

하이 레벨 라운드테이블 미팅(2013. 10. 24.)

포럼 후 각국 대표 기념촬영(2013. 10. 23.)

주한 스리랑카대사, 장관과 함께 (2013. 10. 23.)

한국식당에 초청하여 함께 식사를 (2013. 10. 24.)

장관을 통한 업무추진

2014. 8. 25.

공공행정 내무부 장관은 스리랑카 장관 65여 명 중 소위 힘 있는 장관 서열 다섯 손가락 안에 든다고 한다. 그는 현재 72세의 고령이다. 국회의원 25년 이상 경력의 장수 정치인 중 한 명이다. 변호사 출신의 주요 부처를 두루 거친 고참 장관으로 딸도 변호사라고 한다. 그는 라트나푸라(Ratnapura) 지역구 출신으로 상당한 갑부라고 한다.

내가 그에게 매력을 느낀 이유는 그는 매사에 진지하고 열정적이었기 때문이다. 그리고 호탕하면서 상황판단력이 빠른 사람이었다. 첫 대면을 누가 소개를 한 것이 아니고 출근 며칠 후 엘리베이터에서 우연히 맞부딪친 것이다. 뚫어지게 쳐다보는 시선을 느끼면서 장관으로 판단하고 코이카에서 온 IT 자문단원이며 오늘 뵙기를 그동안 기다리고 있었다고 인사를 했다.

장관 집무실에서 대화를

종종 찾아 면담하며 대화를 하던 중, 그는 컴퓨터를 배우고 싶으며 한국에 관심이 많고 한번 방문을 하고 싶다고 했다. 나는 그것을 해결하고자 노력을 했고 2년간 장관과 한국 출장을 두 번 다녀오기에 이르렀다. 그는 나를 무척 좋아하였고 또 무슨 일이든지 자기에게 직접 보고하라고까지 했다.

내가 아무리 자기와 먼저 상의를 하고 장관에게 보고해도 나의 카운터파트인 차관보는 이 부분에 필요 이상으로 예민하였고 나를 무척 피곤하게 괴롭혔다. 오히려 차관은 전혀 문제시하지 않았다. 나는 한동안 장관과 차관보 두 사람 사이에서 난관에 봉착했었다. 결국, 차관보가 다른 조직으로 전출되면서 일단락이 되었지만, 그는 속이 좁은 소인배였다. 자기 상관이 원하는 대로 업무처리를 하는 나를 괴롭혀서 어쩌자는 것인지. 후진국 조직에 더 시기와 질투가 심하다는 느낌을 받았다.

그는 한국 출장 가는 날 저녁에 나에게 별도로 집에서 공항까지 경호와 기사 붙은 차를 보내주는 성의를 보여주었다. 또한, 출장 후에도 콜롬보 공항에서 한참 후에 세관을 통과한 나를 기다렸다가 자기 차로 시내까지 태워주고 거기에서 집까지는 별도의 차를 제공해주었다. 물론 나도 한국 출장 중에는 그에게 최고의 대우와 예의로써 대했다.

나는 그와 한국 출장을 두 번 다녀왔다. 한번은 UN e-Government Forum이고 한번은 UN Public

한국 UN 서비스 포럼 참석 (2014. 06. 23.)

고양시장 주최 오찬에서 건배 제창 (2014. 6. 24.)

Service Day Forum이 그것이다.

한국 대사관저에서 장관, 코이카 소장과 함께 (2013. 10.)

지난 2013년 10월 한국 대사관 주최 한국 개천절 기념 만찬에서 우리 장관은 전 스리랑카 장관 및 외교 사절 대표로 축사를 했다. 그는 출발 전에 나를 불러 연설문의 내용 오류 유무 확인을 부탁했다. 그리고 나를 자기 관저로 불러 자기와 함께 자기 차로 한국대사관저로 가자고 했다.

한국 출장 중 포럼에 참석하는 동안 그는 젊은이 못지않은 많은 질문과 토론을 통해 열정을 과시했고, 특히 주 한국 스리랑카 근로자들을 수시로 방문 또는 호출하여 만나고 위로하곤 했다.

스리랑카 장관의 말 한마디는 조직 내외에서 무서울 정도로 위력이 있어 보였다. 장관을 통한 업무 추진은 효율적이고 성공적이었다. 장관의 도움을 받아 추진한 주요 업무들을 살펴본다.

부처 내에는 크고 작은 프로젝트들이 진행 중이거나, 개발 후 문제점으로 가동이 중단되거나, 개발 중인데 완성이 안 된 것 등 도대체 뭐가 뭔지 정리가 안 된 상태였다. 모든 부서에서 각각 따로 프로젝트들을 진행하고 있었으니 그럴 수밖에 없었던 것이다.

나는 우선 정확한 문제점 분석과 진단을 통하여 ①문제점 분석 보고서(Current Systems Analysis and Definition)를 만들고, 이를 토대로 정보 공유 및 동의를 얻기 위한 ② 간부급 워크숍(Workshop on Improvement of IMS in Sri Lanka Toward e-Government)을 개최하고, 이를 근간으로 한 ③IT 장기 발전계획(2014 ICT Expansion Plan)을 만들고, 이 계획의 추진 세부내용에 관한 ④ 간부급 워크숍(Workshop on Solution for Information Systems Integration and Efficiency Improvement)을 개최하였다.

ICT 확장계획 실천방안에 관한 워크숍 (2014. 3. 19.)

지금은 그 계획대로 모든 일이 진행되고 있다. ①ICT 조직을 Unit에서 Division으로 격상 추진하여, ②부서업무를 재분장하였고, ③IT 부서 책임자를 외부에서 CIO(SAS: Senior Assistant Secretary)로 영입하였고, ④대형 서버 두 대 구매, ⑤네트워크 장비, 보안 프로그램들을 구매하여 서버를 대폭 확장하였다. ⑥그 외 IT 자원 및 시설물 사용 지침서(IT Facilities Usage Policy) 작성 등 많은 성과들이 있다.

그러나 예기치 못한 하나의 난관에 부딪혔다. 책임자 영입은 어렵게 해결되었으나, 업무분석을 하고 프로그램을 작성할 실무자를 채용하기가 정말 어려운 것이다. 첫째, 정부기관의 서비스 별(예, IT 직군) 채용 가능 자리(T/O)를 변경하려면 PSC(Public Service Commission: 대통령 산하 기구)의 승인을 얻어야 하는데 이 문제는 스리랑카 정부기관 전체에 관한 공통문제여서 PSC 승인이 쉽지 않다는 것이다. 지금 승인 요청공문을 담당 부서에 보낸 상태이나 진행 여부를 알 수가 없다.

둘째는 우수인력을 채용하기에는 정부기관과 사기업 간의 급여 수준 차이가 너무 심하여 그것이 또 다른 문제로 놓여있다. 얼마 전 IT Division에 근무하던 직원마저도 사 기업으로 전직해 버렸다. 이 문제 역시 오늘 장관과 차관에게 보고했고 장관은 확인을 약속했다. 현재까지는 모든 일이 순조롭게 진행되고 있는 셈이다.

방문가족을 환영하는 장관 (2014. 02. 04.)

코이카에 감사하며

2014. 09. 15.

KOICA는 개발도상국과 우호협력관계 및 상호교류를 증진하고 경제사회 발전을 지원함으로써 국제 개발협력을 증진하는 것을 목적으로 1991. 4. 설립된 대외 무상협력 사업을 전담하는 외교통상부 산하 정부출연기관이다. 한국의 공적 개발원조(ODA: Official Development Assistance)는 현재 국민총소득(GNI)의 0.12%밖에 안 되는 것을 2015년까지 0.25%로 늘릴 계획을 정부는 갖고 있다.

코이카를 통한 무상원조(grant)와는 별도로 재정경제부 산하 수출입 은행(Exim Bank)을 통한 차관(loan)형태의 ODA가 있다. 이는 EDCF(Economic Development Cooperation Fund) 자금으로 유상원조에 해당된다.

코이카의 주요사업으로는 국내초청연수, 전문가 파견, 봉사단 파견, 개발 조사, 인프라 건축, NGO 지원, 국제기구 협력사업 등 다양한 형태가 있다.

코이카 사람들은 보통사람들과는 다른 면이 있다. 우선 봉사단체인 만큼 봉사정신이 남들보다 투철한 것 같다. 봉사단원이야 봉사정신을 논할 필요도 없고 중장기 자문단원 역시 노련함과 원숙함으로 현지인들을 지도하고 있음에 틀림없다.

코이카 사무실 사람들은 어떨까? 본사이건 해외 사무소이건 대부분 과거 해외 봉사활동 경험이 있는 사람들이다. 봉사는 희생이다. 희생은 무조건적이고 자발적이다. 삶의 의미와 가치관을 처음부터 봉사에 둔 것인지 환경여건에 의해 된 것인지는 모르지만, 현재 상황에서 만족하고 열심히 남을 위해 일하는 모습 자체가 아름답다.

국내 교육 시 강사로 나오셨던 전임 해외 사무소장들은 모두 대단한 소신과 삶의 철학을 해외현장에서 이미 터득했다는 느낌을 받았다. 현재 스리랑카에 근무하는 젊은 직원들 모두 프로정신이 넘쳐나고, 특히 소장과 부소장은 자상하고 친절하다. 한국을 대표하는 대외원조기관의 수장으로서 손색이 없을 정도의 어학실력과 업무조정능력이 있어 보인다.

특히, 여러 전공분야에서 근무하는 봉사 및 협력단원, 자문단원 그리고 ODA 전문가, 하청업체들을 관리하며, 한국정부를 대표해 현지 기관장들을 수시로 만나 의견을 조율하고 의사결정까지 해내는 코이카 소장의 업무는 정말로 다양하고 중요한 것 같다. 잘못된 의사결정은 국가 간 문제를 야기할 수도 있기 때문이다. 그리고 순간순간 짧은 시간에 압축하고 대외적으로 격식을 갖추어 나가는 다양한 영문 서류들은 아무나 쉽게 할 수 없는 일인 것 같다.

아울러 자문단원으로서 코이카에 당부 드리고 싶은 것도 있다. 처음 현지에 도착하는 중장기 자문단원들에게 도착 오리엔테이션이나 간단한 현지적응 안내 정도는 필요하다고 생각한다. 봉사단원들은 몇 개월간의 적응 훈련과정이 있어서 문제가 없을 것이다. 자문단원들은 국내에서 며칠간의 교육이 전부이며 현지적응에 필요한 실질적인 교육이나 안내는 없다.

주택임대 및 계약에 관한 정보, 근무하게 될 기관에 관한 사전정보, 의료시설에 관한 정보 등 당장 현지생활 적응에 필요한 산 정보들이 많다. 선배를 통한 몇 시간의 오리엔테이션이나 가이드북 정도가 있다면 훨씬 좋을 것이다.

현지 사무소 직원들은 짧게는 1년 길게는 3년 근무 후 귀국한다. 후임자를 받으면 또 업무를 파악하고, 익숙해지면 귀국하는 순환 속에서는 전문가도 교육 시킬 사람도 있을 수 없다. 사람에 의해서가 아니고 시스템에 의해서 움직이는 조직이 좋은 조직이 아닌가 생각하며, 이번 기회에 코이카와 늘 바쁘게 움직이는 스리랑카 사무소 직원들에게 감사의 마음을 전하고 싶다.

3년을 결산하면

2014. 10. 25.

은퇴 후 해외 근무 3년은 나의 인생에서 또 다른 첫 경험이었다. 내년 1월 4일 무사히 귀국한다면, 최초 1년 근무계약에 최대 2회 연장 가능이라는 코이카 자문단원 파견 규정을 최대 활용한 셈이다. 무엇보다 중요한 것은 개도국에서 어떻게 근무를 하여야 현지인들이 만족해하고 또한 그들이 무엇을 원하는지를 조금은 알게 되었다는 것이 소득이라면 소득이다.

3년간의 근무에는 여러 가지 면에서 어려움이 많았다. 첫째는 혼자 생활하다 보니 식생활로 인한 건강관리 차원에서 어려움이 많았고, 둘째는 근무기관에서 할 일을 지속성 있게 발굴 추진하고 결과에 대해 인정을 받는 것이 쉽지 않았던 것 같다. 그 외 파견기관(KOICA)과의 원활한 인간관계나 현지기관과의 의사소통 문제 또한 대단히 중요한 변수로 작용했던 것 같다.

내가 추진한 공공행정 내무부의 프로젝트는 일단 성공적이었다고 판단한다. 처음 부임했을 당시 부처 내 여기저기에서 산만하게 운영되던 프로젝트들의 평균 가동률은 20%에 못 미치는 상황이었다.

이런 총체적 난국을 극복하기 위하여 지난 2년 동안 나는 문제점 진단, 워크숍 개최, 개선방안 제시, 발전계획 수립, 계획대로 추진 등 정석대로 모든 업무를 차근차근 진행해 왔다.

그리하여, 직원채용을 제외한 모든 업무들이 계획대로 진행되어왔다. 이런 면에서 본다면 애초의 파견목적을 달성하였고 그 이상의 기반을 다져 놓았다고 해도 과언이 아닐 것 같다. 또한, 개인적인 면에서는 차후에 제2, 제3의 국가에 만약 파견의 기회가 주어지더라도 처음 여기 올 때와 같은 불안감이나 자료 부족으로 고민할 일은 없을 것 같다. 환경 적응요령, 업무 접근방법, 위기상황 대처능력 등 모든 면에서 자신감이 생긴 것이다. 즉, 스리랑카 3년 근무에서 얻은 가장 큰 수확은 앞으로 내가 할 수 있는 일거리를 찾았고 자신감이 생겼다는 것이다.

스리랑카 생활 3년을 무사히 마치게 된 데는 무엇보다도 코이카의 든든한 지원, 근무기관(특히 장관)의 적극적 호응, 동료 자문단원들의 우정과 한국교민들의 따뜻한 배려 등이 있었기에 가능했을 것이다.

그동안의 업무 보고서와 향후 추진계획서를 취합 정리하여 책으로 만들어 코이카와 근무기관에 인도할 것이며, 개인적인 경험을 살린 이 책 또한 발간해 볼 생각이다. 살아남는 자가 강한 것이 아니라 강한 자가 살아남는 것이다.

Jacaranda

Part. 5

나를 성숙시킨 Colombo 사색

은퇴하여 삶을 돌이켜 보니

2012. 02. 15.

긴 세월이었다. 앞을 보고 달려왔건만 이루어 놓은 것은 아무것도 없다. 되돌아보면 미련할 정도로 열심히 뛰었을 뿐이지 목표와 방법을 정하고 요령껏 자신과 주위를 살피면서 걷지를 못했다. 인생은 속도가 아니고 방향이라 했건만! 앞으로 여생을 보다 낫게 준비하여 지금까지 못한 자아실현, 국제사회의 봉사를 통한 의미 있는 삶을 조금이나마 영위해 보고 싶어 지금 스리랑카에 있다.

그런데 지금 나는 자신 있는 것은 아무것도 없고 앞으로의 방향도 모르겠다. 불과 몇 년 전까지는 할 일이 많았고 무엇이든지 자신이 넘쳤고 원하는 대로 해왔다. 그러나 지금은 다르다. 정 반대현상이 나에게 일어나고 있다. 내가 하고 싶은 대로 마음대로 할 수 있는 것이 아무것도 없는 것 같다. 건강도 이전보다 신경이 쓰이고, 집중력과 기억력도 많이 저하된 것 같다.

현재에 만족하고 바로 이 순간 여기에서 최선을 다하고 현지인들을 위해서 정말로 그들이 원하고 바라는 것을 해주려고 노력할 뿐이다. 현재의 나는 이미 과거의 내가 아니라는 사실을 종종 잊어버릴 때가 있다. 실질적인 은퇴가 과거의 나와 현재의 나를 완전히 갈라놓은 것이다. 욕심을 버리자고 다짐해 본다.

조용한 시간 즐기기

2012. 03. 22.

나이가 들수록 혼자만의 시간이 많아지는 것 같다. 언제부터인가 나는 이런 시간을 즐기기 시작했다. 나이가 들면 누구나 시인이 된다고 했던 가. 고독하고 외롭다는 다소 부정적인 생각에서, 삶을 생각하고 나를 발견할 수 있다는 창조적 생각으로 바뀌기 시작한 것이다.

스리랑카 생활 중 가장 힘든 것은 고독과 외로움이고, 가장 좋은 점도 혼자만의 시간을 마음껏 즐길 수 있는 점이다. 틈틈이 글을 써보려고 한다. 주말, 새벽녘, 늦은 밤 언제든지 책을 읽거나 글을 쓰려고 한다. 글을 쓰는 것이 이렇게 어려운 줄을 미처 몰랐다. 문법이 맞는지, 편협된 사고를 하는 것은 아닌지, 타당성과 객관성은 있는지, 인용하고 있는 정보는 정확한지 등.

남들에게 의미 있는 글을 남기기 위해서는 많은 지식과 경험 그리고 노력이 절대적으로 필요하다는 것을 알 것 같다. 글을 쓰는 사람들을 새삼 존경하게 된다.

코이카 사무실을 볼 일이 있건 없건 주기적으로 한 번씩은 들른다. 책을 빌리기 위해서다. 도서관에 책이 그리 많은 편은 아니지만, 그런대로 읽을만한 책들이 제법 있다.

요리에는 재미를 못 붙이고 있다. 우선 식사량이 적다 보니 요리 자체의 의미가 별로 없다. 대신 현지 과일을 많이 먹으려고 노력한다. 가능하면 요리에 관심을 가지려 노력한다. 요리도 배우고 건강도 챙길 수 있으니까.

MP3에 음악을 1,000여 곡 담아왔다. 한국인이 좋아하는 팝송 200곡, '나가수' 음악 모음집, 7080 베스트 뮤직, 최근 1개월 인기가요 톱 100 등 다양한 종류의 음악을 준비해 왔다. 이것은 정말 잘한 것 같다. 나는 틈틈이 음악을 듣는다. 잘 때는 주로 음악을 틀어놓고 잔다. 한글 신문, TV, 라디오 아무것도 없다. Dialog 방송 위성채널에는 일본, 미국, 영국 중국 등 모두 있는데 한국은 없다. KBS 월드 방송 시청에는 별도의 신청 절차가 필요하다고 한다. 그냥 Dabdate 채널을 통해 한국보다 몇 시간 늦은 뉴스를 보기로 했다.

골 페이스 호텔! 콜롬보 골로드 북쪽 해변가에 위치한 제법 유명한 호텔이다. 이 호텔은 내가 맨 처음 스리랑카에 밤늦게 도착하여 며칠간 묵은 곳이다. 일몰 방향으로 아라비아 해를 지나 똑바로 가면 아프리카 이디오피아 소

골 페이스에서 본 인도양 일몰 (2012. 03. 31.)

말리아가 나온다. 이 호텔은 역사가 오래된 곳으로 해변의 경치가 아름답기로 유명하며 많은 현지 유명인사들이 이곳에서 각종 행사를 한다고 한다.

내가 묵고 있을 당시 주말이었는데, 대통령이 온다고 야단법석을 떤 적이 있었는데, 어느 장관 아들의 결혼식에 하객 자격으로 온다고 했던 기억도 난다. 처음에는 유명세를 잘 모르고 그곳에서 며칠을 지냈는데 지금은 가끔 이곳을 모임 장소로 활용하고 있다. 일몰 무렵 여기에서 즐기는 한잔의 생맥주는 일품이다. 모든 것을 씻어 내리고도 남음이 있다.

일하는 것의 의미

2012. 03. 27.

살아가는 동안 누구나 진지하게 몰두하고 뭔가를 성취하고자 하는 욕망이 있다. 일하는 것은 진지하게 몰두하고 뭔가를 성취하고 싶기 때문이다. 노는 것에 몰입하면 그것도 일이 될 수 있지만, 지속성을 유지하기가 어렵다. 지속성을 유지한다는 것은 곧 삶이다. 일의 의미는 곧 살아가기 위해서라고 말할 수 있을 것이다.

해외 근무생활에서 무엇엔가 지속적으로 몰두할 수 있다는 것을 찾는 것은 대단히 중요하다고 생각한다. 몰두할 수 있는 시간을 늘리고 싶다면 어떤 식으로든 일하는 것이 중요할 것이다. 일은 곧 살아가기 위해서 하는 것이다. 물론 적당한 운동과 취미생활에 몰두하는 것도 잊지 말아야 될 것이다.

IT 부서 월간회의, DTET. (2012. 04. 03.)

스트레스에 빠지지 않기 위해서 일을 한다. 일에 몰두하지 않으면 잡념이 생긴다. 빈둥거리고 게으름을 피우는 모습은 주의로부터 긍정적인 평가를 받지 못할 것이다. 일 외의 영역에 자신을 방치하면 번뇌를 만들어 내고 스스로를 추하게 만들 것이다. 일은 우리에게 살아남을 힘을 부여한다. 일한다는 것의 본래의 뜻은 몰두함으로써 마음을 정화시키고 자신을 고양시켜나가는 것 그 자체라고 코이케 류노스케는『행복하게 일하는 연습』에서 말하였다.

그리고 나는 번뇌 없는 마음을 위해서 일을 한다. 일에 진지하게 몰두하면 할수록 번뇌로부터 벗어날 수 있다. 몰두하지 않으면 잡념이 금세 비집고 들어온다. 잡념과 번뇌가 있으면 아무것도 할 수 없다.

삶의 의미와 보람을 찾을 수 있다. 나는 일을 통해서만 주위 사람들로부터 인정을 받을 수 있고, 일을 통해서 다른 무엇보다도 사회적으로 인정받기가 쉽다는 사실을 조금은 알고 있다.

나는 일을 하다가 틈이 나면 쉬는 것이 아니라 틈만 나면 일을 한다. 항상 쉬고 있고 쉴 수 있다는 생각으로 일과를 시작하고 끝내기 때문이다. 이것은 나의 현지 생활 적응 방법이기도 하다.

마음을 정화하는 길을 걷게 되면 직장에서 인간관계의 고민이건, 삶의 의미에 대한 고민이건, 가정문제에 대한 걱정이건 어떤 문제가 되었든지 해결책을 제시하는 근본이 될 수 있을 것이다.

사막의 꽃

2012. 04. 09.

아프리카 사막 유목민 소녀인 와리스 디리(Waris Dirie)가 세계적인 슈퍼모델을 거쳐, 유엔인권대사가 되기까지의 삶과 꿈을 그린 글이다. 그는 소말리아 출신으로서 프랑스 레종 드뢰르 훈장 및 세계여성의 상 인권상을 받았다. 다음은 너무나 좋은 글귀라서 표지에 있는 와리스 디리의 글을 그대로 옮겨 적어보았다.

이 꽃은 스리랑카에서 흔히 볼 수 있는 Shoe flower이며 Vade mala(flower)라고도 한다.

Shoe flower (Hibiscus) (2012. 04. 06.)

'오늘도, 나는 여전히 사소한 것들을 소중히 여긴다. 나는 호화로운 집을, 때로는 한 채도 아니고 여러 채 가지고 있는 사람들, 차와 보트, 보석을 가지고 있는 사람들을 매일 만난다. 그러나 그 사람들은 더 많은 것을 원한다. 다음으로 구입할 것이 마침내 행복과 마음의 평온을 가져다줄 듯이 말이다. 그러나 나는 다이아몬드 반지가 없어도 행복할 수 있다. 이제 사고 싶은 걸 다 살 수 있다고 해서 하는 말이 아니다.

나는 아무것도 원하지 않는다. 인생의 가장 가치 있는 재산은 인생 그 자체이고 그다음은 건강이다. 그러나 사람들은 온갖 하찮은 일에 안달하면서 귀중한 건강을 망친다. 이 청구서가 왔네, 저 청구서가 왔네 하면서 온 사방에서 청구서가 날아오는데 다 어떻게 내야 할지 모르겠다고 고민한다.

미국은 세계에서 가장 부유한 나라지만, 국민은 모두 자신이 가난하다고 느낀다. 나는 두 가지 삶의 방식, 소박한 삶과 바른 삶을 모두 경험해 볼 수 있었다는 점을 매우 감사히 느낀다. 그러나 어린 시절을 아프리카에서 보내지 않았다면 소박한 삶의 방식을 즐기지 못했을 것 같다.

소말리아에서 어린 시절을 보내면서 굳어진 성격은 앞으로도 쉬 변하지 않을 것이다. 그런 성격 때문에, 수많은 사람들이 출세를 하고 명예를 얻기 위해 집착하는데도, 정작 나는 그런 것들을 하찮게 여기고 심각하게 고려하지 않는다.

사람들은 종종 내게 묻는다. "유명해진 기분이 어때요?" 그러면 나는 그냥 웃곤 한다. 유명하다니, 그게 무슨 뜻인가? 나도 모른다. 내가 아는 것은 나의 사고방식이 아프리카식이며 영영 변하지 않으리라는 사실뿐이다.'

나는 이 책을 보기 전에는 할례(FGM: Female Genital Mutilation, 여성 성기훼손)의 정확한 의미를 몰랐다. 단지 어렴풋이 알았을 뿐이다. 보편화 된 이 성폭행은 아프리카에 국한된 문제가 아니라 파키스탄, 인도, 말레이시아, 인도네시아, 아라비아반도 남부 및 페르시아만 일대에도 진행 중이라 지구상 여성 중 1억 5천 명가량이 시련의 상흔을 자기 몸에 새겨가고 있다고 주장한다.

이 책의 주인공인 와리스 다리는 수백 년 내려오는 '관습'에 따라 다섯 살 적 어느 밤, 녹슨 칼끝에 여린 몸을 내어놓아야 했다. 살점을 마구 도려낸 상처는 핏자국과 고름이 범벅된 채 찢어지게 아팠고, 어린 소녀는 여러 달, 밤낮으로 신음 소리를 내며 자리에 누워 지냈다. 친언니 하나와 사촌 언니 둘은 이 비위생적인 도륙의 후유증으로 세상을 떠났다.

일 년에 2백만, 하루에 6천 명의 소녀들이 '순결한 몸'으로 시집갈 준비를 하느라 아직 성기도 되지 않은 살점들을 난자당한단다. 이 해괴망측한 '전통'에 대해, 이슬람 경전인 코란에는 명시된 바 없다고 한다. 그건 종교적인 전통이 아니라, 여성의 쾌락을 용납할 수 없는 근엄한 남자들의 성적 판타지에 근거한 것이라는 말이다.

성기는 애초부터 불결하고 음탕하니 모든 가능성을 뿌리째 도려내 버린다는, 이 불길하고 음탕한 상상력은 대체 어디서 비롯한 걸까! 순결한 처녀로 키우기 위해 늙은 여자의 손을 빌려 먼저 칼질을 낸 다음, 정숙한 아내로 살기 위해 오르지 남편의 칼이 그곳을 다시 갈라낸다는 이 엽기적인 상상력!

여자인 엄마는 아무 결정권이 없고 단지 엄마의 엄마가 했던 대로 할 뿐이고, 아버지는 자신이 딸에게 어떤 고통을 받게 했는지 상상도 못하고 그저 소말리아 사람들은 누구나 그렇게 하는 거니까, 딸을 시집 보내려면 으레 그러는 거려니…. 부모도 결국 수천 년 이어온 풍습을 전수받은 피해자일 뿐이다.

어느덧 세계적 슈퍼모델의 반열에 오른 와리스 디리, 망설임 끝에 그녀는 1997년 자신의 아픈 과거를 고백하고 FGM 철폐에 앞장서는 유엔 인권 특별대사가 된다는 내용이다. 15세에 늙은 남자와 결혼하는 것이 싫어서 가출을 하고, 영국을 거쳐 세계무대에 서는 와리스 디리의 보통 소녀들과는 다른 용기와 판단력 그리고 강한 집념을 엿볼 수 있었다.

지금이 내 인생에서 가장 좋은 순간일까!

2012. 04. 10.

은퇴 후 제2의 인생을 여기 스리랑카에서 보내고 있는 중이다. 거의 평생을 몸담아 온 IT 분야에서, 다시 과거에 해 왔던 일들을 복습하고 있는 중이다. 새로운 업무개발, 프로젝트 관리, 회의와 프레젠테이션 등 과거에 수없이 많이 해 본 것들이다. 내가 해왔고 할 수 있는 일을, 나를 필요로 하는 곳에서 즐겁고 의미 있게 이 나이에 할 수 있다는 것을 한편 축복받았다고 생각한다.

환경이 많이 다른 외국에서 혼자 생활하는 것이 결코 쉽지 않지만 내가 원하는 생활을 즐기려고 노력한다. 독서, 운동, 취미생활, 여행, 글쓰기 등. 식사문제는 간단하지가 않다. 그러나 난 그것을 중요하게 생각지 않는다.

생활자세, 근무태도, 말과 행동 모든 면에서 모범을 보이며 자문역할을 하여야 된다는 것을 나는 안다. 우리에게는 소위 품위유지의 의무가 있다. 출퇴근과 외출 시, 그리고 원하는 시간에 차량을 제공해 준다. 나는 이것을 가장 고맙게 생각하며 큰 행운이라 여긴다.

그러나 나에게 정작 중요한 것은 다른 데 있다. 우리 부처는 콜롬보 07, 시내 중심가에 있는 8층 건물인데 나는 그곳에서 유일한 외국인으로 근무하고 있다. 나를 싫어하는 사람은 한 명도 없어 보이고 모두가 나와 얘기를 하고 싶어하는 것 같다. 물론 호기심과 이국적인 느낌 때문이기도 하고, 일시적일 수도 있으나 나는 그렇게 생각하지 않는다.

공식적 업무를 통한 전문분야 외에도 너무나 많은 것들을 알려줄 수가 있고 그들에게는 빈 공간이 너무 많아 보인다. 그들은 게을러서 혹은 여건상 열심히 일하지는 않는다. 가끔 부서를 돌면서 업무 외적인 대화를 나눈다. 한국에 관한 얘기, 상호 가족에 관한 얘기 등 많은 것들을 들려주고 내가 물어보기도 한다. 특히, 나의 또래들과는 주로 자식 얘기가 많아진다. 그런데 많은 현지인들이 자식들을 해외 선진국에 유학을 시켰다고 한다. 놀라운 사실이다. 나에게도 자식에 관해 물어온다.

Mount Lavinia 해변

외국생활과 자기관리

2012. 06. 18.

직장을 은퇴한 세대나 노인들은 무척 외롭고 소외감을 느낄 수밖에 없다. 은퇴자의 배우자나 그 가족은 은퇴자를 현직에 있을 때처럼 대하고 챙겨주지 못한다. 밥도 못하고 빨래, 청소 아무것도 못 하는 남편은 아내가 없으면 불안하고 끼니 해결도 못 한다.

그러다 보니 하루 세끼 아내를 찾게 되고 붙어 있으며 같이 다니려 한다 하여 비에 젖은 가을낙엽에 비유되곤 한다. 그래도 이 정도의 가정환경의 혜택 속에서 사는 사람은 행복한 사람일 것이다.

아내가 장사를 하거나 별도 직업이 있는 가정이면 살림살이는 몽땅 은퇴 남의 몫일 수밖에 없다. 평생을 가족을 위해 일만 해오던 남자가 하루아침에 할 일을 잃고 갈 곳을 잃고, 가족과 사회로부터 무관심의 대상이 되고 거기다 잔소리까지 하려 덤비다가는 따돌림을 받게 되어 완벽한 왕따가 되기 십상이다.

소외감, 무기력, 경제력 상실, 게다가 갱년기 증상에서 오는 심리적 불안까지 겹치면 우울증에 걸리기 쉽다. 나는 주위에서 이런 증상(그것이 우울증인지 아닌지는 의학적으로 분명하지 않으나)에 빠져있는 사람들을 국내외에서 종종 보았다. 정신장애 진단 통계편람에 따른 우울증의 진단기준은 다음 증상 중 5가지 이상이 2주 동안 계속 나타날 때라고 되어 있다.

- 슬프거나 공허한 느낌이 타인의 관찰에 의해 종일 우울한 기분을 보임.
- 매일 활동에서 흥미가 현저히 감소됨이 나타남.
- 식이 조절 없이 체중의 증가와 감소가 나타남.
- 거의 매일 불면 또는 과수면.
- 거의 매일 정신운동 흥분 또는 지체.
- 거의 매일 피로 또는 에너지 상실.
- 무가치 감 또는 부적절한 죄책이 보임.
- 사고와 집중력 감소, 결정의 곤란을 보임.
- 죽음에 대한 반복적 생각.

노인은 우울증에 걸리기가 여러 가지 면에서 쉽다. 과거의 외국 거주 한국인들은 향수병으로 많이 고생했다. 지금은 시공간이 좁아졌고 정보기술의 도움으로 모두가 이웃이 되어 버렸다. 그러나 외국에 거주하는 기러기 아빠나 엄마, 혹은 가족들은 또 다른 외로움에 시달리고 있는 것 같다. '그대가 곁에 있어도 나는 그대가 그립다'는 류 시화 시인의 시처럼 지금은 외로움의 차원이 바뀌어 버린 것이다.

나는 과거에 외국에 나갈 기회가 종종 있었다. 당시 현지 교민 중에서 심리적, 정신적으로 불안해 보이는 사람들을 보았다. 문화 충격(culture shock)이다. 다른 문화, 관습, 언어, 음식, 인간관계, 심지어

사업에서 오는 심적 부담 등은 많은 정신적 심리적 고통과 충격을 안겨 줄 수밖에 없다. 외국생활은 결코 쉽지 않은 것 같다. 쉽게 마음의 안정을 잃고 쉽게 우울해지기 쉽다. 철저한 자기관리를 하지 않으면 결코 성공할 수 없을 것이다.

사소한 것에 감정관리를 못 하고 화를 내거나, 남을 흠집 내거나, 시기 질투하는 사람들이 주위에는 상상외로 많다. 내가 바쁘거나 심신이 건강하면 그럴 수가 없다. 정상적인 사람은 남을 쉽게 비난하거나 평가하지는 않는다. 묻지도 않는데 제3자에 대해서 얘기하는 그 사람이 사실은 대개 문제 있는 사람이라고 생각하면 크게 틀리지 않을 것이다.

목표관리, 시간관리, 감정관리, 체력관리 등 모든 것이 체계적으로 움직일 때 우리의 심신은 건전 건강해지고 자기 생활이 성공적으로 될 것이다. 인간은 살면서 가장 중요한 것이 자기관리라고 생각한다. 그중에서도 특히 감정관리와 체력관리는 노년으로 갈수록 중요하며, 해외생활에서도 중요하다고 생각한다.

하지 말아야 할 말과 나서자 말아야 할 시기 판단은 쉽고도 어려운 것 같다. 스리랑카 현지 교민들을 가끔 만나면서 즐거운 시간을 보내고 있다. 그분들이 모두 건강하고 건전한 몸과 마음으로 현지 생활을 리드해 나갔으면 좋겠다.

Bucket-list 작성하는 날

2012. 06. 30.

- 가까운 친구, 형제, 지인과 작별인사 나누기.
- 채권 채무 정리하기.
- 연락처 정리하기.
- 유서 작성해 놓기.
- 영정사진 찍어 놓기.
- 장례절차 방법 정리해 놓기.

이렇게 주요 항목을 정해 놓고, 다음에는 세부 내용을 정리해 놓고 살아야 될 것이다. 이것은 조금도 이상한 것이 아니다. 준비하는 자세야말로 유사시에 가족과 주위 사람들을 당황하지 않게 만드는 예의일 것이다. 노년기를 맞이하고 노년을 살아가는 지혜라고 생각한다.

우리는 항상 떠날 준비를 하면서 영원히 살 것처럼 열심히 살면 되는 것이다. 떠날 준비를 할 때 모든 것은 빈다. 많이 비울 때일수록 빨리 채워지는 것을 느낄 수 있다. 며칠 전 하루에 한 끼 먹어도 삶에 전혀 지장이 없고 오히려 장수를 가능하게 하는 인자가 활성화된다는 기사를 본 적이 있다. 정신과 육체가 다를 것이 전혀 없다.

2106년, 미래에서 온 편지

2012. 06. 30.

안녕하세요, 조상님.

저는 지구의 역사와 생태계에 대해 관심이 많은 학생이에요. 학교에서 '100년 전 사람들은 어떻게 살았을까?'라는 주제로 발표해야 하는데, 2005년 한반도에서 어떤 일이 일어났는지를 자세하게 알고 싶어서 이렇게 편지를 쓰게 되었어요.

저는 지금 100년 전 사람들처럼 종이에 편지를 쓰고 있어요. 제 보물 1호가 바로 이 종이에요. 예전에는 여기에 글을 쓰고 그림도 그렸다죠. 그렇게 종이가 흔했나요?

저는 굉장히 힘들게 종이를 구했어요. 복제박사님이 땅속에 있던 나무화석 성분을 추출해서 어렵사리 나무 복제에 성공했거든요. 복제된 나무를 가공해서 마침내 종이를 만들 수 있었지요. 박사님은 이번 연구를 성공한 뒤 종이를 천연기념물로 보존해야 한다고 주장하셨어요. 한 때 지구에는 숲이 무성했던데, 그 귀한 게 왜 몽땅 사라져버렸나요?

거실에 켜 놓은 TV에서 긴급뉴스를 전하는 기자의 흥분한 목소리가 들려오네요.

"오늘 갑자기 쏟아진 폭우로 한강이 흙탕물로 변해버리자 물값이 천정부지로 오르고 있습니다. 더 오르기 전에 물을 사재기 하려는 사람들로 인해 '주수소'마다 아수라장입니다. 오염이 덜된 북극 빙산을 녹여 만든 빙산수의 수입가격도 덩달아 올라 목마른 서민들을 울리고 있습니다."

어, 빙산수가 새로 들어왔네요. 100년 전에는 땅 위에 흐르는 물과 지하수를 마시기도 했다면서요? 정말 놀라워요. 지금은 여러 차례 정수하고 약품을 섞어 소독시킨 물이 아니면 한 방울도 마실 수가 없거든요. 그래서 주수소가 인기랍니다. 옛날에는 주유소라는 게 있었다면서요? 주유소에서 팔던 '석유'라는 검은 액체는 전쟁의 원인이 되었던 아주 무서운 물질이라고 배웠어요. 지금은 고갈되어 박물관에서나 만날 수 있지요.

뉴스에서 오늘 '역사 다시보기 모임'에서 에디슨을 재평가하는 세미나를 열었다는 보도가 나오네요. 과거에는 에디슨을 빛을 발명하여 인류역사에서 어둠을 몰아낸 공로자로 높이 평가했지만, 22세기의 문턱을 넘어선 오늘날 빛은 더 이상 문명의 이기가 아니라고 취재기자가 목소리를 높이고 있어요.

"밤낮없이 환한 조명 아래에서 생활한 부모의 약한 시력 때문에, 신생아가 2달이 되도록 아예 눈을 뜨지 못하는 일이 자주 발생하고 있습니다. 소음문제도 심각해서 아이들은 비행기가 이륙할 때 내는 소리처럼 큰 소리가 아니면 듣지도 못하고 있습니다. 이 때문에 신생아의 뇌 속에 빛과 소리를 구별할 수 있는 전자 칩을 심는 게 유행처럼 번지고 있습니다. 이래도 에디슨이 과연 인류에 공헌한 발명가일까요?"

국제뉴스는 어떤지 한번 볼까요? 요즘 제일 인기가 없는 직업은 지도를 만드는 일이라는군요.

계속되는 기상 이변으로 지형이 하도 자주 바뀌어서 지도 제작자들이 쉴 틈이 없대요. 21세기 초에도 지진, 태풍, 해일 등으로 지형 연구가와 지도 생산업자들이 바쁜 적이 있었죠? 그때는 자연재해 때문이었지만, 지금은 지구 온난화 때문에 빙하가 녹아서 웬만한 평지는 거의 다 물속에 잠기고 말 텐데, 그러면 우리는 어디에서 살게 될지 걱정이에요.

지난 여름에는 동해안으로 여행을 갔다가 바닷가에서 이런 푯말을 보았어요.

'이곳은 치명상을 입히는 방사선에 노출될 수 있는 위험지역입니다. 우리 조상들이 원자력발전소에서 전기를 만들고 버린 핵폐기물이 묻힌 곳입니다. 이 핵폐기물은 앞으로도 수백 년 동안 영구격리시켜야 하는 위험물질입니다. 철조망 안에 절대로 들어가지 말고, 이 지역을 지날 때는 멀리 돌아서 통행해야 안전합니다.'

조상님들, 너무 하셨어요. 이렇게 위험한 걸 유산으로 남겨주시다니….

그래도 저는 운이 좋은 편이에요. 위험하긴 했지만, 동해안을 여행할 수 있었으니까요. 웬만해선 정부에서 발행하는 여행허가증을 받는 게 쉽지 않거든요. 자동차로 넘쳐나는 도로와 공기 오염, 쓰레기, 자원고갈 문제가 점점 심각해지자 정부는 이제 여행통제 정책을 펴고 있어요.

세계 정상들이 모인 국제회의에서는 국내여행뿐 아니라 해외여행까지 통제하겠다고 선언했어요. 이 선언으로 인해 북극을 떠나야 하는 이누잇족의 이주계획이 어긋나 버렸어요. 북극과 비슷한 기후조건을 갖춘 툰드라나 겨울이 남아있는 온대지방으로 가려고 했는데, 계속 거부당하자 할 수 없이 아프리카의 킬리만자로로 이주하고 말았어요. 그런데 추운 지방에 살던 사람들이 갑자기 적도지방으로 옮기자, 예전에는 없었던 바이러스가 퍼져 신종피부염에 시달리고 있다고 해요.

편지를 열심히 쓰다 보니 조금 덥군요. 아직 여름이지만 이제 며칠만 지나면 겨울이 올 거예요. 100년 전에는 봄과 가을이라는 계절도 있었다면서요? 그때는 날씨가 어땠나요? 책에서만 본 아지랑이가 가물거리는 들녘과 낙엽이 지는 고궁 돌담길을 저도 한번 걸어보고 싶어요. 앗, 제가 사는 아파트 관리실에서 방송이 나오네요.

"관리실에서 안내 말씀드립니다. 주민 여러분께서는 창문과 현관문을 모두 잠그시고 빠짐없이 빨리 지하대피소로 이동해주십시오. 곧 청소기계를 작동하겠습니다."

오염된 실내공기가 갈수록 짙어지는 환경호르몬을 없애기 위해 대형기계로 청소를 한다는 예고방송이에요. 집집마다 천장에 설치된 기계에서 먼지와 오염된 공기를 빨아들이는 방식이거든요. 청소시간에는 모든 주민이 하던 일을 멈추고 지하대피소로 피해 있어야 해요. 얼마 전까지만 해도 한 달에 한 번만 청소하면 됐는데, 지금은 일주일에 한 번씩 하고 있어요. 이제 머지않아 하루에 한 번씩 청소해야 할 정도로 공기 오염 문제가 심각해지고 있대요.

저는 이런 현상이 너무 답답해요. 타임머신을 타고 100년 전으로 날아가서 딱 하루만 살았으면 좋겠어요. 그때는 얼마나 행복했을까요? 조상님들이 조금만 미래를 걱정하셨다면 저도 지금 푸른 숲에서 맑은 공기를 맘껏 마시면서 살 수 있을 텐데 너무 속상해요.

100년 전에는 지구가 얼마나 살기 좋은 곳이었는지, 그렇게 좋은 지구를 왜 망치시게 되었는지 너무 궁금해요. 꼭 답장해주실 거죠? 기다릴게요. 저는 이제 지하대피소로 가야 해요.

그럼 조상님 안녕!

2106년 어느 여름날, 조상님의 귀여운 후손 올림

내가 좋은 책을 읽고 느낀 점이나 줄거리 쓰려고 고민할 때마다 얻는 공통적인 결론은, 어려서나 지금이나, 앞부분에 있는 프롤로그나 추천의 글 또는 책머리에 나오는 줄거리보다 좋게 내용을 압축할 자신이 없다는 것이다.

위의 글은 박경화 저 『고릴라는 핸드폰을 미워해』라는 책의 프롤로그다. 김정욱 서울대 교수는 추천의 글 『불편함을 즐겁게 감수하는 삶』이라는 제목으로 다음과 같이 말하고 있다.

'사람들은 문명의 이기가 인류의 생활을 편리하게 만들었다고 생각하지만, 반드시 그렇지만은 않다. 냉장고를 사용하면서 버리는 음식이 더 많아졌고, 자동차를 이용하면서 이동하는 데 걸리는 시간은 더 길어졌고, 핸드폰을 사용하면서 사람 만나는 일은 더 잦아졌고, PC가 나오면서 종이 사용은 더 늘어났다. 뿐만 아니라 문명의 이기가 가져다준 편리함은 사람들 마음에서 여유를 앗아가 버렸다.

이 책은 우리가 살고 있는 이 아름다운 지구에 존재하는 생명체들이 얼마나 소중한 존재인지, 그런데 그들이 환경문제로 인해 어떻게 고통을 받고 있는지, 그리고 우리 다음 세대는 과연 어떤 세상에서 살아가게 될 것인지에 대해 조목조목 설명하고 있다.

아울러 우리가 지구상의 모든 생명체와 더불어 오래도록 지구를 깨끗하게 보존하며 살기 위해서 지금 당장 할 수 있는 일이 무엇인지도 정리해 놓았다. 어떻게 사는 것이 환경을 위하는 생활방식이며 후손에게 부끄럽지 않은 조상이 되는 길인이지에 대해 궁금한 사람들에게 좋은 지침이 될 것이다.'

아프리카 콩고는 핸드폰에 들어가는 '탄탈'(콜탄을 정련하여 나오는 이 금속분말의 성분이 핸드폰의 재료임)의 생산지며, 광부들의 채굴작업으로 자연이 훼손되어 고릴라의 서식지가 사라지고 있다는 데서 나온 제목이다.

건전한 사고와 올바른 판단력

2012. 07. 02.

일생을 통하여 항상 건전한 사고를 하고 올바른 판단만 한다면 인간 관계에서 문제 될 것은 아무것도 없을 것이다. 상식에서 벗어나거나 타당성이 결여된 언행을 할 때 항상 문제가 된다. 사고를 그렇게 하는 것은 상대방이 알 수 없으나 말과 행동은 직접 충격이 전달된다.

다른 특별한 이유가 있을 수 없는 상황이고, 상대방 입장에서 이해하려고 노력을 해도 이해할 수 없는 언행을 거침없이 하는 사람들을 보면 답답할 따름이다. 문제는 그런 사람들이 갈수록 점점 많아지고 있다는 것이다. 왜 그런 현상이 일어나고 있는지에 대하여 생각해 본다.

자기관리, 특히 감정관리 능력부족에서 오는 것 같다. 부적절한 단어 선택, 지나친 표현 방법, 불쾌한 표정이나 자세, 주제 이탈 등이 그 주요 내용이 될 수 있을 것이다. 상대의 정도가 지나칠 경우 화를 낼 수도 있다. 그러나 누가 보아도 고의가 아니며, 사소한 실수로 넘어갈 수 있는 상황인데도 예민하게 반응을 하거나 화를 내어 분위기를 망쳐 버리는 경우를 종종 본다.

나이 든 사람들의 경우 이것은 아마 우울증이거나 자기 장래 신분 또는 직업의 불확실성 등으로부터 오는 정서적 불안과 예민함이 그 이유가 아닌가 싶다.

나이 든 분들이 위 사람으로서의 대접을 받으려는 자세를 버리고 아래 사람에게 봉사하고 도움을 주려는 마음가짐을 가진다면 그런 일이 많이 줄어들 것이라 생각한다. 특히, 아래 사람들에게 반말은 절대 하지 말아야 될 것이다. 교육을 시키려는 생각, 잔소리도 물론 조심해야 될 것이다.

생각의 깊이가 없는 사람들이 분위기를 망치는 경우를 종종 볼 수 있다. 상대방이 좀 심한 행동을 보이면 순간 당황스럽겠지만, 그 원인을 생각할 시간을 가져야 하는데 사람들은 그렇지 못한 것 같다. 반대로 아무것도 아닌 것에 지나치게 과민반응을 보이는 사람도 문제다.

내가 하고 있는 언행이 상식선을 벗어나고 있지는 않은지, 현재 분위기에서 합당한지, 상대방에게 불쾌감을 불러일으킬 소지는 없는지 등 생각을 하면서 대화를 해야만 될 것이다.

만나기 전에 어떤 내용을 어느 수준에서 대화를 진행할 것인지 준비를 하고, 만난 후에도 실수한 것은 없는지 정리를 하는 자세를 몸에 익혀두면 좋을 것 같다.

평소 노력부족이 문제다. 건전, 건강한 사고와 올바른 판단은 하루아침에 이루어지지 않는다. 균형 있는 합리적 판단은 기본 없이는 힘들다. 많은 지식과 직간접 경험 그리고 끊임없는 자기 수양과 개발이 있어야 가능할 것이다.

논어에 있는 이 문구가 생각난다. '學而不思 則罔 思而不學 則殆' 배우기만 하고 생각하지 않으면 확실한 지식이 없고, 반대로 생각만 하고 배우지 않으면 독단에 빠지기 쉽다. 나는 또 이 문구를 좋아한다. '責人之心 責己 恕己之心 恕人' 남을 꾸짖는 마음으로 나를 꾸짖고 나를 용서하는 마음으로 남을 용서하라.

얘기를 들어주는 사람 자세가 가장 중요하다. 바쁜 사람은 남을 관찰 할 시간이나 비판할 여유가 없다. 내 할 일도 많은데 남을 얘기하는 사람은 대체적으로 바쁘지 않은 사람이다. 나의 경험에 의하면 남을 얘기 하는 사람은 그 얘기의 상대(제3자)보다 문제가 많은 경우가 많았다. 나는 누구에 대해 얘기하면 우선 얘기하는 사람부터 다시 한번 쳐다보는 버릇이 있다.

'내가 다른 사람을 미워하기 시작할 때 이미 상대는 나를 먼저 미워하고 있다'는 글을 본 적이 있다. 파동, 염력에 관한 이론이다. 같은 과일이나 나무 혹은 물 두 병을 놓고 한쪽은 계속 저주를 보내고 나머지 한쪽은 칭찬과 격려를 보내면 며칠 후 한쪽은 부패하거나 시들어 버리는데 반대쪽은 잘 자라거나 부패하지 않는다는 것이다. 하물며 인간이야 오죽하랴.

남을 비판 평가하는 그 사람을 조심하기 바란다. 그리고 건전한 사고와 올바른 판단력을 가진 기본에 충실한 사람은 상대에게 문제가 다소 있더라고 쉽게 평가하거나 자기의 속내를 드러내지 않는다.

해외생활에서 오는 정신적 스트레스를 잘 관리하지 못하고 상대를 곤혹스럽게 하는 일은 없어야 할 것이다. 좋은 언변을 무기로 하는 대화보다는 머리로 생각하는 대화가 좋고 머리로 하는 대화보다는 가슴으로 느낌을 주는 대화가 좋은 것 같다.

능소화

2012. 07. 09.

소화는 코에 대고 냄새를 맡으면 머리가 상해 미친 병에 걸립니다.

그 꽃가루에는 독이 있어 눈에 들어가면 실명합니다.

소화는 멀리서 바라볼 꽃입니다.

만지거나 향을 맡아서는 아니 될 꽃이옵니다.

소화는 아름다우나 근본이 온당치 못한 꽃이옵니다.

이 꽃나무는 죽은 나무를 좋아합니다.

죽은 나무 아래 소화 나무를 심으면 덩굴이 죽은 나무줄기를 타고 하늘로 올라가 아름다운 꽃을 피웁니다.

산 나무 아래 심으면 산 나무를 죽이고 핍니다.

산 사람이 소화를 가까이하면 정신을 잃고 눈을 잃습니다.

하늘에 있는 정원에서 훔쳐온 꽃이라고 하옵니다.

하늘 정원을 지키는 신은 팔목수라로 눈이 여덟 개나 달렸다고 합니다.

그 팔목수라가 지금도 소화를 훔쳐 인간세상으로 달아난 자를 찾아 천지를 헤매고 있다 하옵니다.

그 모습이 하도 흉측해 눈이 마주치면 눈이 멀고, 몸에 닿으면 육신에 종기가 돋아 죽는다고 하옵니다.

팔목수라가 헤집고 지나간 고을과 골짜기는 쑥대밭이 되고 풀 한 포기 자랄 수 없다고 하옵니다.

사람들이 미쳐서 날뛰고 소와 말, 개와 닭이 사람 말을 지껄이며 팔목수라의 명을 받든다고 하옵니다.

무섭고 흉측한 일이 아니 옵니까?

이 괴이한 일이 모두 하늘 꽃 소화를 훔쳐 달아난 것에서 비롯됐다고 하옵니다.

하늘 정원에서 자라는 꽃을 사람이 훔쳐 달아났으니 어찌 화가 없기를 바라겠습니까?

소화는 아름답다 하여 가까이할 꽃이 못 됩니다.

– 조두진 『능소화』 중에서 –

조선 중기에 안동지방에 착한 남자가 있었다. 착한 여자도 있었다. 아들을 사랑한 아버지는 아름다운 여자를 만나면 불행해진다는 스님의 예언에 따라 만나지 못하게 하지만 착하고 아름다운 여자를 아들은 운명적으로 만나게 된다. 그러나 운명(팔목수라)은 이들을 갈라놓고 자식마저도 갈라놓는다. 여인의 사랑 편지가 남편의 무덤에서 발견되었고 남편의 시신은 썩지 않았다. 4백 년 전의 편지에 새겨진 불멸의 애절한 사랑 얘기, 그 편지를 읽으면서 나는 많은 눈물을 흘리지 않을 수 없었다.

외로움

2012. 07. 28.

외로움의 정의는 알고 있다. 그러나 바쁘게 살다 보니 외로움이 어떤 것인지는 잘 몰랐다. 지금 내가 경험하고 있는 것이 외로움일까? '혼자여서 쓸쓸한 느낌, 마음'. 내가 느끼고 있는 감정은 외로움만은 아닌 것 같다. 희망, 기다림, 목표, 의욕 이런 것들의 부족에서 나타나는 무력감이 더 내 마음속을 많이 차지하고 있는 것 같다.

외로움과 공허함은 마음속에 사랑이 부족할 때 밀고 들어오는 것임에는 틀림없다. 내가 누구에게 무엇을 베풀거나 사랑해야겠다는 생각을 했을 때 나는 그리 외롭지 않았던 것 같다. 외롭다는 것은 어쩌면 내게 사랑하는 마음이 부족하다는 것이다. 사랑이 있는 한 외로움은 견딜 수 있다고 한다. 누군가를 이해하고, 베풀고, 사랑하는 것이 이렇게 어려운 것인가?

과거보다는 현재가 더 외롭고, 현재보다는 미래가 더 그럴 것 같다. 그 생각이 나를 힘들게 한다. 이것이 우울증으로 변하는 것인가?

최소한 가난해지지 않으려면

2012. 07. 29.

小富在勤(소부재근) 大富在天(대부재천): 작은 부자는 근면한 데 있고 큰 부자는 하늘이 내린다.

근면 성실하면 가난해지지 않는다. 부자가 될 수 없을지 모르지만 가난해지지는 않는다고 한다. 일찍 일어나는 새가 모이를 더 많이 쪼아 먹는다(Early bird catch the worm)는 말은 언제 들어도 좋은 말이다.

뚜벅뚜벅 황소걸음으로 걸어도 천 리를 갈 수 있다. 물은 한 방울 한 방울 떨어져 물통에 가득 찬다. 성실은 존재의 근본이다. 성실한 인간이냐 아니냐에 따라 존재 유무를 판단할 수 있다. 그것도 남이 나를 성실하다고 인정해주는 것보다는 내가 나를 성실하다고 인정할 수 있는 성실이어야 한다.

꿈, 목표, 열정, 도전, 용기, 성실, 이 얼마나 가슴 설레는 단어들인가!

혼자 사는 즐거움

2012. 09. 19.

"외롭고 쓸쓸한가? 그건 내 인생에 내가 없기 때문이다! 모든 인생은 혼자 떠나는 여행이다. 혼자 떠날 수 있어야만 외로움과 쓸쓸함을 당당하게 견뎌나 갈 수 있다. 누구의 아내, 누구의 남편, 누구의 부모로서 살아가는 삶은 잠시 접어 둔 채 오롯이 당신 자신과 마음을 터놓고 마주해보라. 당신이 당신 자신과 만나는 시간이 많을수록 인생은 그만큼 달라질 것이다.

혼자 산다는 것은 싱글이나 독신으로 산다는 의미가 아니다. 더불어 살아가는 삶 속에서 고유한 자신만의 즐거움과 아름다움을 추구한다는 뜻이다. 당신 인생 안에 당신만의 시간을 가장 많이 쌓는다는 뜻이다. 이를 통해 함께 삶의 풍요로움을 만들어 가는 것이다". Sarah Ban Breathnack의 『혼자사는 즐거움』이란 책에 나오는 말이다.

나는 어려움에 처하거나 중대한 선택의 귀로에서는 종종 혼자만의 시간을 갖는다. 신중히 접근하면 반드시 실마리가 보인다. 동시에 머리가 맑아지고 용기가 생기는 것을 느낀다. 그것을 토대로 결심을 단행한다. 그 후에는 앞으로 나가기만 하면 된다. 젊어서부터 생긴 버릇인 것 같다. 외로움을 즐기자!

Mount Lavinia beach (2012. 05.)

꿈을 꾸자

2012. 09. 30.

우리는 인생을 왜 사는가? 행복하기 위해서?

모든 사람은 태어났으니까 사는 동안은 행복하게 살려고 한다. 힘들고 가난하며 불행하게 살려는 사람은 없을 것이다. 어떻게 하면 행복하게 살 수 있을까? 내가 원하는 것을 하거나, 그것을 성취하여 스스로 만족하거나 혹은 주위로부터 인정받으면서 살면 행복하지 않을까! 그런데 스스로 만족하기는 쉽지 않으며 주위로부터 인정을 받기는 더욱 어렵다.

사람은 천성적으로 욕심이 많아 쉽게 만족하지 못하며, 주위로부터 존경과 인정을 받기는 정말 어렵다. 행동과 언행이 곧아야 하며, 남을 위한 많은 노력 그리고 봉사와 헌신이 수반될 때 겨우 사람들은 조금씩 인정의 시선을 보내기 시작하기 때문이다.

세상 인심은 결코 만만하지 않다. 내가 하고 싶은 것을 하면서 자신이 만족할 때 비로소 우리는 주위로 시선과 배려를 보낼 마음의 여유가 생기게 된다. 그렇다면 주위로부터의 인정 또한 상대의 자기만족이 선행될 때 가능할 수 있다.

내가 원하고, 하고 싶은 것은 무엇인가? 그것은 선천적으로 타고나거나 부모, 선배로부터 지도를 받아서 발굴되게 된다. 나는 이것을 일찍 깨닫지 못했다. 살다 보니 지금에 도달하였고, 이것을 진지하게 생각하거나 고민한 적도 없었다. 충고나 지도를 해주는 사람도 없었다. 아마 있었어도 내가 발견할만한 안목이 없고 필요성을 못 느껴 그냥 지나쳤을 것이다. 내가 부족하여 스스로 깨닫지 못한 것이다.

나는 갈등과 선택의 기로에서는 스스로의 판단 아래 신중히 방향을 결정해왔다. 그러나 얼마나 많은 시행착오와 오류를 범했던가! 오류투성이 인생임에 틀림이 없다. 그리고 당시로써는 선택의 고민을 많이 하였으나 지금 생각해 보면 그것은 이미 선택의 여지가 없는 상황이었다.

그것은 이미 정해진 범위 안에서의 고민이었으므로 선택이라는 의미를 상실하고 있었던 것이다. 일찍 도시로 유학을 나온 당시의 우리에게는 생활할 곳을 마련하고 끼니를 해결해야 하는 절박함이 선택의 전부였으니까.

지금에 와서 내가 하고 싶은 것을 생각한다는 것은 무의미하다. 사회적 여건이 선택의 폭을 주지 않으며 나 자신에게도 한계가 있기 때문이다. 그래도 나는 작은 범위 내에서도 찾을 수 있는 것은 최대한 찾으려 노력하면서 살고 있다.

그러나 젊은이들은 다르다. 선택의 폭이 무궁무진하다. 인생목표 설정은 빠르고 확실할수록 좋다. 확고한 목표설정을 한다는 것은 성공의 문턱, 행복의 문을 들어선 것이다. 보통 젊은이들이 목표설정을 잘하기는 그리 쉽지 않다. 많은 생각과 크고 작은 직간접 경험들 그리고 선배들의 도움이 필요할 것이다. 그러나 무엇보다도 좋은 방법 중에 하나가 바로 독서라고 생각한다.

독서는 사람을 생각하게 만들며 다양한 간접 경험의 기회를 준다. 사고력과 판단력을 키워 주는 것이다. 그렇게 보면 독서가 왜 사는지를 가르쳐 주고 행복해지는 방법을 가르쳐 주는 출발선이 될 수 있다는 얘기이다. 나의 억측 주장인지 모르겠다.

이러한 충고를 젊은이들은 쉽게 받아들이지 않는다. 그 이상은 그들의 몫이다. 본인의 그릇 문제고 자세 문제이다. 각자는 자기의 업을 갖고 태어나 그대로 삶을 산다. 그러나 충고를 진지하게 받아들이고 노력하는 것은 대단히 중요하다. 인지능력과 상황판단능력이 있어야 하며 자기 인생의 목표 정도는 설정할 수 있어야 한다. 그리고 성실하고 꾸준하게 목표를 향해 나아갈 때 이미 성공과 행복은 문턱에서 우리를 기다리고 있는 것이다.

본인의 소질 파악, 즉 적성검사 같은 것도 도움이 될 것이다. 주위 선배들의 조언, 부모님의 충고 이 모두가 도움이 될 것이다. 그러나 무엇보다도 본인에게 끌리는 것이 있고 평소에 마음속으로 그리던 뭔가 있다면 나는 그것을 선택하라고 충고하고 싶다. 하고 싶은 것을 하되 가능성이 있는 것을 선택하여야 될 것이다. 아마추어는 하고 싶거나 할 수 있다고 생각되는 것을 하는데, 프로는 할 수 있는 것을 한다고 했다.

국내외적 환경을 돌아보고, 가정에서의 위치와 형편을 생각하여, 나의 능력과 여건을 감안한 목표를 설정하고, 죽도록 노력하면 되는 것이다. 인생목표가 나오면, 연간 목표가 나올 것이며, 월별 계획도 나온다. 나아가 영역별 시간 할당 비율과 공부 분량 그리고 공부 시간까지도 나올 것이다.

물론 이론만큼 쉽지는 않다. 젊은이들이여! 꿈은 높을수록 좋고 실천은 빠를수록 좋다. 꿈의 높이만큼 오르고 투자한 시간만큼 거둔다. 후회는 앞서지 않는다. 그리고 공부를 즐기자! 추석날 콜롬보에서.

변해가는 내 모습

2012. 09. 06.

나는 자신이 퍽 논리적이며 정의로운 사람이라고 생각하며 살아왔고 그것을 자랑스럽게 여겨왔다. 나의 이런 생각과 소신에 변화가 생겼다. 세상에 변하지 않는 것이 무엇이 있겠는가?

조건 없이 주고, 따지지 않고 그대로를 받아들이려고 노력한다. 논리적으로 이해가 안 될 경우 반드시 설명이나 해명을 요구해오던 모습에서 변화된 모습이다. 이 세상에는 이해가 되지 않는 일들이 너무 많고 이해가 되지 않는 사건들이 빈번히 발생한다. 특히, 대인관계에 있어서 이 부분은 많은 문제를 야기시킨다.

성장 과정과 생활환경이 다르고 가치관이 다른 사람끼리 서로 전부를 이해하기는 쉽지 않은 것 같다. 말할 수 없는 사연이 있을 수도 있다. 다른 이유로 설명을 생략할 수도 있다. 자기중심에서 이해가 되지 않는다고 상대를 평가하거나 비판해서는 안 될 것이다. 그대로를 받아들이려고 노력하는 것 그것이 포용이 아닌가 생각한다. 나는 모든 것을 포용하며 살려고 노력할 것이다.

오늘 아유르배딕 국립병원에서 한의학 침술 학술대회가 열렸는데 의사 논문발표 심사위원으로 참석하고 왔다. 한의학이나 침술에 대한 발표 내용을 내가 심사할 수는 없고 발표자세와 논문작성 방법 등에 관한 한 분야를 평가하는 것이어서 부탁을 수용했던 것이다. 어제저녁 9시쯤 지인과 저녁 식사를 하는데 중장기 자문단원인 한 박사로부터 전화가 왔다. 오늘 학술대회 심사위원으로 참석해 달라는 내용이었다.

내가 비전문가인데 어떻게 평가를 하느냐 했더니 약속한 사람이 올 수 없게 되었고 분야별로 평가를 하니 괜찮다고 하길래 수락을 했다. 부탁 자체를 상당히 미안해하며 전화내용이 횡설수설하는 것이었다.

함께 식사를 하던 분이 "지금 늦은 시간에 내일 일을 부탁하는데 어떻게 수용을 하세요?" 하고 의아해했다. 나는 "며칠 전에 부탁했다면 거절했을 것입니다. 지금 시간에 얼마나 다급하면 비전문가인 나에게 그런 부탁을 하겠습니까?" 하고 대답했다. 그 사람은 나를 다시 한 번 쳐다보는 듯했다. 바로 이런 것이 배려 혹은 포용이 아닌가 생각해 본다.

논문 발표자는 전국에서 온 한의학 박사들이었다. 한의학의 위상이 어느 위치에 있는지를 알 수 있는 기회였다. 그러나 발표자료 작성기법이나 발표자세 및 IT 활용 정도는 수준 이하였다. 심사 후 심사위원들의 한마디 평가발언이 있었다. 나는 간단히 나를 소개하고 발표자세와 프레젠테이션 준비방법 등에 관해서도 느낀 점을 얘기했다. 그리고 "여러분이 한의학에 갖고 있는 관심과 정열에 깊은 감명을 받았다. 앞으로도 더 많은 관심과 노력을 가져 달라. 한 박사는 한국의 유명대학을 나온 우수한 인재다."라고 자기들의 스승을 객관적으로 소개하며 마무리를 했다.

한 박사는 나의 동참을 무척 고마워했고 식사를 대접하며 집에 오는 차편까지 제공해 주었다. 현지에서 꼭 필요로 하고 또한 충분히 국위선양을 하는 이런 전문분야의 자문단원 파견 사업은 코이카에서는 더욱 활성화 시키는 것이 마땅하지 않을까 생각해본다.

바르지 못한 언행, 정의롭지 못한 행동을 난 이해하지 못했다. 상대가 누구든지 정의를 피해 가는 사람들을 비판했으며 비겁하다고 싫어했다. 그러나 이 또한 생각을 바꾸기로 했다. 상대방이 그렇게 말할 수 밖에 없는 필요충분조건을 내가 모두 알 수 있는가? 여건에 따라 가치관에 따라 상황은 달라질 수 있다고 본다.

가족, 친구, 동료, 누구든지 나는 정의롭지 못한 행동을 보면 비판했다. 그러나 이제는 바꾸려고 한다. 정의보다는 아리스토텔레스가 말하는 우정의 편에 서려고 한다. 智보다는 德을, 머리보다는 가슴을 택하고 싶은 마음이라고 하면 맞을지 모르겠다.

오늘의 반찬

2013. 01. 29.

오늘은 반찬이 아무것도 없다. 김치도 떨어졌고 고기, 야채도 없다. 미역국과 북엇국 거리는 있다. 인스턴트 식품인데 서울에서 보내온 것이다. 처음에는 좋더니 이것도 자주 먹었더니 싫어졌다. 누룽지를 물에 끓여서 된장과 함께 먹었더니 그런대로 괜찮다.

여기 와서는 보통 점심 식사를 하지 않는다. 그런데 어제 사무실에서 멀지 않은 곳에 괜찮은 식당 하나를 발견했다. 현지인 식당인데 행정 내무부 교육기관 건물 내에 있는 구내식당이었다. 커리 위주의 메뉴로 되어 있었고 깨끗한 편이었다. 점심 식사를 했더니 오후 내내 배가 든든한 것이 이상했다. 계속 이곳을 이용해 볼까 생각 중이다. 한 끼에 100~200루피 정도면 충분할 것 같았다.

1일 2식에 길들여져 있고 기초대사량이 많이 줄어들어 조금만 먹으면 소화가 되지 않는 편이다. 회식 자리에서 어쩌다 술을 좀 많이 먹으면 여지없이 토하고 배탈이 난다. 낮에 굶은 배에다 갑자기 많은 양의 음식과 알코올을 투입하니 그럴 수밖에 없을 것이다. 지난 주말에는 거의 죽다가 살아났다. 과음이 원인이었다.

식생활 문제! 나이 들어가는 우리에게는 사랑이 넘치는 가정이 아니고는 거의 비슷한 처지가 아닐까 생각해 본다. 그리고 가끔 밀려오는 감당하기 어려울 정도의 외로움. 한국에 가면 해결이 될까! 가족의 의미는 무엇이고 어디까지일까?

막내와 다녀온 유럽여행을 생각하니

2013. 09. 27.

스리랑카에 오기 전, 가을이었다. 나는 여러 가지 생각 끝에 당시 다니던 회사를 그만두고 신재와 유럽 여행을 가기로 했다. 중학교 다니던 늦둥이에게 은퇴한 내가 해외 근무가 가능할 수도 있는 상황에 옆에서 직접 챙겨 줄 수 있는 것이 별로 없을지도 모른다는 막연한 생각이 들어서였다.

그의 엄마나 형으로부터 내가 바라는 것이 이루어지지 않거나 받아들여지지 않을 때 나는 신재에게 필요 이상의 화를 낸 적도 종종 있었다. 물론 그에 대한 미안함이나 보상 심리도 여행 출발의 원인이 된 것이었다.

그는 너무 독립심이 약했다. 또 그에게는 해외유학이나 어학연수의 기회도 없었다. 그래서 그를 최단기 어학연수(?)인 여행에 동참시켰다. 나는 자유 여행을 출발하기 전에 그에게 두 가지의 조건을 제시했다. 여행 중 필요한 모든 정보입수와 대화는 자기가 직접 영어로 할 것과 휴대폰을 소지하지 않는다는 것이었다.

그런데 그는 외국인들과 영어로 대화를 좀처럼 하지 않았고 스위스에서는 밤에 몰래 가져온 전화기로 서울 통화를 하다가 나에게 적발되었다. 나는 약속을 지키지 않은 것에 무척 화가 났고 나의 의도를 모르고 몰래 전화기 휴대를 권유한 그의 엄마가 그렇게 미울 수가 없었다. 의도한 최단기 어학연수는 성과가 없었고 독립심 함양 프로그램은 의미 없이 끝나게 되었다.

그는 신나게 놀고 신나게 먹었다. 나는 매일매일의 그의 일기를 아들이 되어 아들 입장에서 써주었다. 그리고 그것을 여행이 끝난 후 그에게 주었다. 물론 짧게 나의 의견도 하단부에 기록해 주었다. 먼 훗날 그에게 많은 것을 느끼게 할 것을 확신하면서. 프랑크푸르트에서 파리를 거쳐 알프스 융프라우를 다녀왔다.

내가 그에게 해줄 수 있는 것이 많지 않음을 나는 안다. 늦둥이고 가족 간의 가치관의 차이에서 오는 괴리가 그것을 뒷받침해 준다. 어쩌면 유럽 여행이 마지막 선물이 될 수도 있음을 나는 느낀다. 한 참이 지난 지금, 얼마 후면 귀국하게 된 지금, 신재와의 여행이 생각나는 것은 어쩌면 또 내가 그의 옆에서 무능한 아빠의 모습을 보이기가 두려워서인지도 모른다.

그는 어려서 거의 1년 단위로 여러 가지에 순차적으로 빠져들곤 했다. 처음에는 자동차 놀이에, 다음에는 로봇 놀이에, 그리고 종이접기, 노래와 춤, 태권도, 인체의 신비 등에 지독히 몰두하였다. 서너 시간은 보통이고 하루종일을 투자할 때도 있었다. 그런데 지금은 무엇에 몰두하니 신재야? 노래와 농구? 공부?

파리 동 역 광장 (2011.09.)

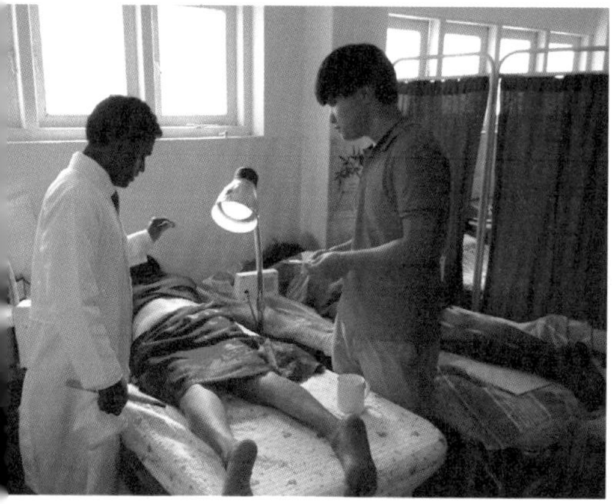

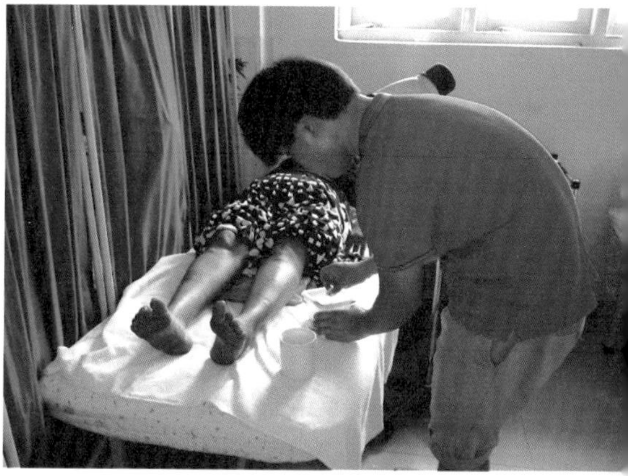

3년 후(2014.02.11.) 스리랑카 국립병원에서 자원봉사하는 신재

장관과 나란히 (2014. 02. 05.)

저무는 콜롬보

2014. 9. 30.

'직임에서 물러나 사회활동에서 손을 떼고 한가히 지냄. 생산활동은 중지했지만 지속적으로 소비는 하고 있는 삶의 형태', 은퇴의 정의이다. 50세에 은퇴하여 100세까지 산다면 은퇴 후의 50년은 어떻게 할 것인가? 운 좋게 60세에 정년퇴직을 한다고 해도 남자 평균수명 77세(여자 평균 84세)를 감안한다면 최소 20년을 배우자와 더불어 살아야 된다. 무엇으로 무엇을 하며 어떤 생활을 할 것인가? 장노년의 70%가 은퇴 후의 생계유지를 위해 수입이 필요하며 적어도 67세까지는 직업 갖기를 원한다고 한다.

'오전 시간은 골프 연습장에서 시간을 보내고 점심 식사는 전직 동료나 친구들과 함께 나누고 오후 시간은 집안일을 돌보는데 시간을 보낸다. 월 1~2회 필드에 나가거나 가끔 등산 바둑을 즐기며 친목을 도모한다.' 이상적인 생활 모습일 수도 있지만, 여기에 한두 가지 가감을 하면 평균적 한국 은퇴 남들의 현실일 것이다.

가장 중요한 것은 건강이다. 몸이 아프면 친구를 어떻게 만날 것인가? 만나더라도 재미가 없을 것이다. 건강은 타고나는 비율이 높다고 하지만 관리를 잘하면 그 잘 타고난 부분을 오래 지킬 수가 있다. 문제는 뒤늦게 그 사실을 알게 되니 그것이 문제다. 재산은 특별히 많을 필요는 없지만, 우환이 겹치지 않는다면 일상생활에 필요한 용돈 정도면 될 것이다. 그리고 무엇보다 가장 중요한 것이 친구일 것이다. 어느 정도 성격과 가치관이 비슷하고 같은 취미를 갖은 친구가 있다면 좋을 것이다.

이러한 조건을 모두 갖추기가 쉽지 않지만 갖추었다 하더라도 최소 20년 이상의 그 긴 세월을 어떻게 보낼 것인가 하는 문제가 남는다. 정부에서 이런 문제를 다소나마 해결하고자 노년 교육 및 재취업 프로그램을 마련 중이라고 한다. 그러나 그것만으로 계속 늘어나는 고령자, 은퇴자, 독거자를 어떻게 감당할 수가 있을까? 의학의 발달과 생활환경의 개선으로 평균수명이 높아지면서 고령화 사회에 접어든다. 노동력은 부족해지면서 부양받아야 할 노인이 증가하는 것이다.

어떻게 적극적으로 대처할 것인가? 할 수 있는 일이 주어진다면 무엇이든지 봉사와 희생정신으로 기꺼이 수용하여야 할 것이다. 건물 경비를 하더라도 기존 경비들보다는 무엇인가 다르게 품질 높은 서비스를 보여 주면서 근무를 하려 든다면 일자리가 전혀 없지는 않을 것이다.

하버드대학 출신인 한 미국인 직장은퇴자가 노인 요양병원에서 병원 바닥청소를 하며 틈틈이 노인 환자들의 대화 친구가 되어 주고 있어 주위로부터 존경을 받는다는 글을 본 적이 있다. 또 아이비리그 출신인

한 노인 은퇴자는 노인들로만 구성된 관광단을 인솔하여 해외여행을 직접 다니며 관광 가이드를 하고 있다는 글을 본 적도 있다.

한 자문단원의 일화다. 사무실에서 서류 복사를 하고자(복사에 서투르고 기계위치도 몰라서) 여직원에게 복사를 부탁했는데 젊은 여직원이 복사를 해주면서 "다음부터는 본인이 직접 하세요."라고 했단다. 현직에서 몸에 밴 습관대로 자연스럽게 부탁을 한 것이다. 그 사람은 그 한 마디에 충격을 받았고 그날 저녁에는 잠을 못 이루었다고 한다. 나는 그 여직원이 복사를 해주고 난 뒤 그 얘기를 해서 정말 다행이었다고 생각한다.

우리는 과거를 빨리 잊어야 한다. 이제는 주역에서 물러나 젊고 유능한 사람들의 조역을 충실히 하여야 한다. 과거의 직위나 학벌 등은 깨끗이 머리에서 지워야 한다. 경험은 먼저 꺼내 들면 안 되고, 필요로 하고 요구를 받을 때에만 꺼내 보여주면 되는 것이다. 겸손해야만 버틸 수 있는 것이다. 버티기 위해서 겸손해야 된다는 것은 아니다.

계약기간 만료 후에 귀국하여 나는 또 어떤 길을 걸을 것인가, 그리고 어떤 (낮은)자세로 주어진 환경에 적응해 나갈 것인가! 쉽지 않은 노후생활이다. 국가적 차원에서 자문단을 해외에 파견하는 이 프로그램이라도 존속된다면 좋으련만.

저무는 콜롬보 (2014. 10. 12.)

Cannas

Part. 6

힘이 된 한 마디

논어 공부

손자 병법

고통 1

고통 2

성철 스님의 주례사

수선화에게

중요한 것은 눈에 보이지 않는다

셰익스피어가 주는 중년의 9가지 교훈

오늘의 명상1

오늘의 명상2

분노

죽기 전에 후회하는 5가지

인맥관리 17계명

타인의 결점과 나의 말

논어 공부

2012. 06. 04.

논어가 좋아 관련 책 한 권을 한국에서 가져왔다. 그중에서 마음에 와 닿는 몇몇 글을 적어 본다.

學而時習之 不亦說乎 배우고 때때로 그것을 익히니 어찌 기쁘지 아니한가?

有朋自遠方來 不亦樂乎 벗이 먼 곳으로부터 찾아와 주니 이 어찌 반갑지 않겠는가?

人不知而不慍 不亦君子乎 사람들이 나를 몰라주어도 화를 내지 않으면 이 또한 어찌 군자가 아니겠는가?

君子務本 本立而道生 군자는 근본을 세우는데 힘써야 하고 그 근본이 서면 나갈 길이 생겨난다.

子曰 不患人之不己知 患不知人也 공자가 말하길 남이 나를 알아주지 못함을 걱정하지 말고, 내가 남을 알아보지 못함을 걱정하라.

子曰 吾 十有五而志于學 三十而立 四十而不惑 五十而知天命 나는 열다섯 살에 학문에 뜻을 두었고, 서른 살에 독립하였으며, 마흔 살에 유혹에 넘어가지 않게 되었고, 쉰 살에는 천명을 알게 되었다. (20 약관, 60 이순, 70 종심)

子曰 先行其言 而後從之 군자는 말에 앞서 먼저 행동하고, 후에 자신이 행동한

바를 말해야 한다.

子曰 君子 周而不比 小人 比而不周 군자는 넓게 교제하되 편파적이지 아니하며, 소인은 편파적 일뿐만 아니라 넓게 교제하지 못한다. 군자는 和而不同하고 소인은 同而不和하다는 말과 일맥상통하는 것 같다.

子曰 學而不思 即罔 思而不學 即殆 배우기만 하고 생각하지 않으면 확실한 지식이 없고, 반대로 생각만 하고 배우지 않으면 독단에 빠지기 쉽다.

子曰 唯仁者 能好人 能惡人 오직 어진 사람만이 사람을 사랑할 수도 있고 사람을 미워할 수도 있다.

子曰 朝聞道 夕死可矣 아침에 도를 깨닫는다면 저녁에 죽어도 좋다.

君子喻於義 小人喻於利 군자는 정의를 밝히고 소인은 이익에 밝다.

君子求楮己 小人求楮人 군자는 자기에게서 원인을 구하고, 소인은 남에게서 원인을 한다. (저=言+者)

君子不可小知 而可大受也 군자는 작은 일로는 그 재능을 알 수 없으나 큰일은 맡길 수 있다.

欲致魚者 先通水, 欲致鳥者 先樹木 물고기를 잡고자 하면 먼저 수로를 만들고, 새를 잡고자 하면 먼저 나무를 심어라.

拘不以善吠爲良 人不以善言爲賢(구불이선폐위량, 인불이선언위현) 개가 잘 짓는다고 해서 좋은 개가 아니고, 사람이 말을 잘한다고 해서 현인이 아니다.

손자병법

2012. 06. 20.

손자병법(孫子兵法)은 지금부터 약 2,400년 전인 중국의 춘추 전국시대에 손무라는 병 학자가 그의 5세손 손빈과 함께 5대에 걸쳐 저술한, 손무에 의해 뼈대가 갖추어지고 손빈에 의해 비로소 빛을 본 병서(兵書)이다.

총 13편으로 구성되어 있으며, 작전 및 전투 전반에 걸쳐 격조 높은 문장으로 간결하게 요점을 설명하고 있는데, 그만큼 함축이 깊고 자유자재로 활용할 수 있다는 것이 특징이다.

군사의 성전으로 많은 무장에게 존중되었을 뿐만 아니라, 국가경영의 요지, 승패의 기미, 인사의 성패 등 인간사 전반에 걸쳐 적용되어 온 지혜의 보고라 할 수 있다.

"백 번 싸워서 백 번 이기는 것이 좋은 방법은 아니다. 싸우지 않고 적을 굴복시키는 것이야말로 가장 좋은 방법이다. 그러므로 최상의 방법은 벌모, 다음은 벌교, 그다음이 벌병이다."

벌모는 전략이나 지혜, 벌교는 외교적 방법, 벌병은 군사 전쟁이다.

"자고로 싸움을 아는 자는 적에게 패하지 않을 대비를 먼저 해놓고 적을 이길 시기가 오기를 기다린다. 패하지 않는 체제를 만드느냐 마느냐의 여부는 스스로에게 있고, 적을 이길 수 있느냐 없느냐의 여부는 적에게 달려 있다. 그러므로 이길 이치는 미리 알 수 있되 반드시 이긴다고는 할 수 없다.

지키기를 가장 잘하는 자는 소리도 없이 땅에 숨은 듯하며, 공격을 잘하는 자는 갑자기 적 앞에 나타나기를 하늘에서 떨어진 것같이 한다. 이와 같이 하면 능히 지키고 능히 이길 수 있는 것이다."

오랜만에 재미있게 읽었다. 훌륭한 지략이라 핵심을 적어본다.

고통 1

2012. 07. 21.

인간은 고통을 통하지 않고서는 아름다워질 수 없다고 한다. 고통 없는 인생은 존재하지 않는다. 인생이라는 말은 고통이라는 말과 그 의미를 같이하며 고통이라는 말의 또 다른 낱말입니다.

고통은 관념일 수 있으며 실재하지 않는데 고통스럽다고 생각함으로써 고통이 존재한다고 생각하는 것일 수 있다.

만물이 빛의 고통이 없으면 제 색깔을 낼 수 없듯이, 이 세상을 사는 우리도 고통이 없으면 인간으로서의 삶을 살 수 없다. 고통이 있다는 것은 건강한 인생을 살고 있다는 증거니까.

"내 등에 짐이 없었다면 나는 세상을 바로 살지 못했을 것입니다. 내 등에 있는 짐 때문에 늘 조심하면서 바르고 성실하게 살아왔습니다. 이제 보니 내 등의 짐은 나를 바르게 살도록 한 귀한 선물입니다. 내 등에 짐이 없었다면 나는 아직도 미숙하게 살고 있을 것입니다. 내 등에 있는 짐의 무게가 내 삶의 무게가 되어 모든 것을 감당하게 하였습니다. 이제 보니 내 등의 짐은 나를 성숙시킨 귀한 선물이었습니다."

누가 쓴 글인지는 모르나 「내 등의 짐」이라는 글의 일부이다. 십자가를 등에 지고 가지 말고 품에 안고 가라는 어느 신부님의 말씀도 있다.

작은 십자가든 큰 십자가든 무게는 모두 똑같다고 한다. 사랑에는 그만큼 고통이 있단다.

진주에도 상처가 있다고 한다. 상처가 아름다움을 낳는다. 상처의 고통을 견뎌내는 적극적인 인내의 힘이 진주와 같은 아름다움을 낳는다. 오랜 시간 동안 정성을 다해 상처를 보듬고 감싸는 일! 그것이 아름다운 보석을 만드는 일이었는가? 정호승의 산문집 '내 인생에 힘이 되어준 한마디'에는 참으로 좋은 글이 많다.

고통 2

2012. 07. 22.

신은 인간이 감당할 수 없는 고통은 결코 주지 않는다. 신은 인간이 감당할 만한 고통만 준다. 신은 인간이 고통스러워 할 때 언제나 도움의 손길을 늦추지 않는다. 뛰어넘을 수 없는 벽은 찾아오지 않으며 고통 없는 성공은 있을 수 없다. 성공이라는 글자를 현미경으로 들여다보면 그 속에는 수없이 작은 실패가 개미처럼 많이 기어 다닌다고 한다.

"소나무 중에서 제일은 적송(赤松)이다. 적송은 나이테가 좁으며 붉다. 나이테가 넓으면 쉽게 자란 나무여서 곧 속이 무르고 쉽게 터진다. 험한 환경에서 자라야 적송처럼 나이테가 좁고 강도가 단단하다. 사람 또한 그러하다." (경복궁을 복원한 도편수 신응수 선생).

사람한테 고통이 없다면 어떻게 될까요 하고 묻자, 김수환 추기경께서 "몸은 자라고 마음은 자라지 않는 식물인간이 되지 않겠습니까?"라고 하셨다.

성철 스님의 주례사

2012. 07. 28.

“서로 덕을 보자는 마음으로 결혼은 하고 그런 마음으로 살아가기 때문에 다툼이 일어납니다. 손해 볼 마음이 눈곱만큼도 없이, 아내는 남편에게 덕 보자고 하고, 남편은 아내에게 덕 보겠다고 하는 마음이 다툼의 원인이 됩니다.

베풀어주겠다는 마음으로 결혼하면 길가는 사람 아무하고나 결혼해도 문제가 없습니다. 그런데 덕 보겠다는 생각으로 고르고 고르면, 백 명 중에 고르고 골라도, 막상 고르고 보면 제일 엉뚱한 것을 고르게 됩니다.

제일 중요한 것은 결혼 한 이 순간부터 덕 보겠다는 생각을 버려야 합니다. 내가 아내에게, 내가 남편에게 무엇을 해 줄 수 있을까, 내가 그래도 저분하고 살면서, 저분이 나하고 살면서, 그래도 덕 좀 봤다는 생각이 들도록 해줘야지 되지 않느냐, 이렇게만 생각하면 사는데 아무 지장이 없습니다.” 생전에 딱 두 번 주례를 섰다는 성철 스님의 주례사에서 나온 글이다.

내가 바로 덕을 보려고 생각해 왔던 사람인 것 같다. 남에게 주고 내가 좀 손해를 보겠다고 생각을 바꾸면 마음이 편해지는 것을 느낄 수 있다. 많은 사람들은 자기가 필요할 때 상대를 찾는다. 진정으로 상대를 이해하고 배려할 줄 아는 사람을 만나기가 쉽지 않다.

수선화에게 - 정호승

2012. 07. 28.

울지 마라

외로우니까 사람이다

살아간다는 것은 외로움을 견디는 일이다

공연히 오지 않는 전화를 기다리지 마라

눈이 오면 눈길을 걸어가고

비가 오면 빗길을 걸어가라

갈대숲에서 가슴 검은 도요새도 너를 보고 있다

가끔은 하느님도 외로워서 눈물을 흘리신다

새들이 나뭇가지에 앉아 있는 것도 외로움 때문이고
네가 물가에 앉아 있는 것도 외로움 때문이라고
산 그림자도 외로워서 하루에 한 번씩 마을로 내려온다
종소리도 외로워서 울려 퍼진다

중요한 것은 눈에 보이지 않는다

2012. 10. 12.

지금

우리가 보고 있는 것은

단지 껍데기에 불과하다.

중요한 것은 눈에 보이지 않는다.

사람이 어떤 것을 정확하게 볼 수 있는 건

오직 마음으로 볼 때이다.

– 생텍쥐페리의 『어린 왕자』 중에서 –

나의 친구, 기사들과 함께 (2012. 10. 12.)

나는 유독 이 글을 좋아한다. 입으로 말 잘하는 사람보다 머리로 깊이 있는 생각을 하는 사람이 좋으며, 그보다 가슴으로 내면의 진실을 볼 줄 아는 사람이 더 좋다.

셰익스피어가 주는 중년의 9가지 교훈

2012. 10. 14.

출처는 확실히 모르겠으나 너무 와 닿는 것 같다 옮겨 보기로 한다.

1. 학생으로 계속 남아 있어라. 배움을 포기하는 순간 우리는 폭삭 늙기 시작한다.
2. 과거를 자랑 마라. 옛날이야기밖에 가진 것이 없을 때 당신은 처량해진다. 삶을 사는 지혜는 지금 가지고 있는 것을 즐기는 것이다.
3. 젊은 사람과 경쟁하지 마라. 대신 그들의 성장을 인정하고 그들에게 용기를 주고 그들과 함께 즐겨라.
4. 부탁받지 않은 충고는 굳이 하려고 마라. 늙은이의 기우와 잔소리로 오해받는다.
5. 삶을 철학으로 대체하지 마라. 로미오가 한 말을 기억하라. "철학이 줄리엣을 만들 수 없다면 그런 철학은 꺼져버려라."
6. 아름다움을 발견하고 즐겨라. 약간의 심리적 추구를 게을리하지 마라. 그림과 음악을 사랑하고 책을 즐기고 자연의 아름다움을 만끽하는 것이 좋다.
7. 늙어 가는 것을 불평하지 마라. 가엾어 보인다. 몇 번 들어 주다

당신을 피하기 시작할 것이다.

8. 젊은 사람들에게 세상을 다 넘겨주지 마라. 그들에게 다 주는 순간 천덕꾸러기가 될 것이다. 두 딸에게 배신당한 리어왕처럼 춥고 배고픈 노년을 보내며 두 딸에게 죽게 될 것이다.
9. 죽음에 대해 자주 말하지 마라. 죽음보다 확실한 것은 없다. 인류의 역사상 어떠한 예외도 없었다. 확실히 오는 것을 일부러 맞으러 갈 필요는 없다. 그때까지는 삶을 탐닉하라. 우리는 살기 위해 여기에 왔노라. - 셰익스피어 -

맑은 시간의 인도양 (2013. 07. 30.)

오늘의 명상 1

2012. 10. 15.

The art of living / 삶의 예술

The art of living successfully consists of being able to hold two opposite ideas in tension at the same time: first, to make long-term plans as if we were going to live forever, and second, to conduct ourselves as if we were going to die tomorrow. Accordingly, we have to make careful plans for our life as a whole as well as for our daily life.

삶의 예술은 동시에 긴장 속에 두 가지의 정반대되는 생각을 성공적으로 할 수 있다는 데 있다. 첫째는, 마치 우리가 영원히 살 것처럼 장기계획을 세우는 것이고, 둘째는, 마치 내일 죽을 것처럼 자신을 처신하는 것이다. 그래서, 우리는 전체로서의 인생계획과 또한 일일 계획을 조심스럽게 세워야 한다.

Character and reputation / 성격과 평판

It is desirable to have a good reputation. The good opinion of our associates and acquaintances is not to be despised. There is often a great distinction between character and reputation.

Reputation is what the world believes us for the time; Character is what we truly are. Reputation and character may be in harmony, but they frequently are as opposite as light and darkness.

좋은 평판을 받는 것은 바람직하다. 우리의 동료와 지인들의 좋은 의견은 경멸받지 않는다. 종종 성격과 평판 사이에는 커다란 차이가 있다. 평판은 세상이 잠시 믿어주는 것이고, 성격은 우리의 실제 모습이다. 평판과 성격은 조화를 이룰 수 있으나 자주 명암과 같이 정반대에 놓여 있다.

오늘의 명상 2

2012. 10. 21.

The art of living / 삶의 예술

Everyone knows they are going to die, but nobody believes it. If we did, we would do things differently. Yes. But there's a better approach. To know you're going to die, and to be prepared for it at any time. That's better. That way you can actually be more involved in your life while you are living. Is today the day? Am I ready? Am I doing all I need to do? Am I being the person I want to be?

모든 사람은 자기가 죽는다는 것을 안다. 그러나 아무도 그것을 믿지 않는다. 우리가 믿는다면 다르게 처신할 것이다. 그러나 더 나은 접근 방법이 있다. 죽는다는 사실을 알기 위해서 언제든지 대비를 하라. 그것이 좋다. 살아있는 동안 좀 더 실질적으로 삶에 몰두할 수 있는 방법이다. 오늘이 그날? 나는 준비가 되었나? 내가 필요한 모든 것을 하고 있는가? 나는 내가 원하는 그런 사람으로 되어가고 있는가?

『모리와 함께한 화요일(Tuesday with Morrie)』을 근래에 다시 한번 읽었다. 81페이지에 나오는 내용을 옮겨 해석해 보았다. 루게릭병에 걸린 은사(모리)와의 인생수업이 화요일마다 진행된다. 수업은 대화다. 상대를 존중하는 대화, 상대에게 몰두하는 대화의 자세를 배운다. 죽음을 받아들이고 남은 삶을 정리해 가는 법을 배울 수가 있다.

분노

2012. 10. 31.

나의 분노는
당신에게 내 가치를 인정해 달라는
표현 방법입니다.
그것은 "나는 가치가 있습니다
당신에게 나는 가치가 있어야 합니다."라는
처절하고 어설픈 노력입니다.

분노로써 나는
당신이 나와 맞서
무엇인가를 하게 하려는 것이요
당신이 원치 않는 것을
억지로라도 하기를 바라는 것입니다.

분노로써 나는
당신과 나 사이에 일어나는 일이
불만스럽다는 것을

말하려는 것입니다.

우리 관계가 만족지 못하다는 것을

내가 무엇인가 더 원하고 있다는 것을

나는 노력하다 지쳤다는 사실을

말하려는 것입니다.

분노로써 나는

내 마음속의 응어리를

밖으로 표출하는 것입니다.

나는 화가 나면

매끄럽게 다듬어지지 않은 내 느낌

어설픈 내 생각을 말할 수 있고

창조력을 갖게 됩니다.

– 서은영의 『시나브로 선집』에서 –

틱낫한 스님의 『화』라는 책에는 다음과 같은 말이 있다. 내가 100% 옳다고 판단하지 말라. 화는 대부분 그릇된 판단에서 나온다. 화가 날 때는 화로써 응징하지 말고 24시간 이내에 "고통스럽다."고 털어놓으며, 감정을 조절하기 위해 "최선을 다하고 있으니 도와달라."고 말하라.

죽기 전에 후회하는 5가지

2012. 11. 23.

철들면 죽는다고 했던가? 인간은 죽음에 임박해서야 철이 드는가 보다. 죽음을 눈앞에 두고 자신의 일생을 돌아보면서 가장 후회하는 것은 무엇일까? 평생 죽음을 앞둔 사람들의 마지막 고백을 들어주었던 『인생수업』의 저자 엘리자베스 퀴블러 로즈 는 우리에게 한마디로 경고한다.

"생의 마지막 순간에 간절히 원하게 될 것, 그것을 지금 하라." 최근 취업포털 잡코리아는 남녀 직장인 574명을 대상으로 '오늘의 삶이 마지막이라면 죽기 전 무엇을 가장 후회할까?'라는 흥미로운 설문조사를 했다.

1위 '진정 내가 원하는 것을 하며 살걸'(53%)

2위 '사랑하는 사람들과 더 많은 시간을 보낼걸'(38.8%),

3위 '좀 더 도전하며 살걸'(31.6%),

4위 '내 감정에 충실하며 살걸'(26.9%),

5위 '일 좀 덜할 걸'(11.0%)

그런데 내가 진정으로 원하는 것은 과연 무엇일까? '내가 정말 하고 싶은 것이 무엇인가?' 자신에게 솔직하게 물어볼 필요가 있을 것이다. 한두 번 물어보고 말 것이 아니라, 진지하게 자신을 깊이 성찰하면서 매일 물어봐야 할 질문일지도 모르겠다.

환자들의 임종을 수년간 지켜본 호주의 보니 웨어 라는 간호원 역시 임종 시 환자들이 가장 후회하는 것 5가지를 손꼽았다.

1. I wish I'd had the courage to live a life true to myself, not the life others expected of me.
   남들이 나에게 기대하는 삶이 아닌 내 자신에 충실한 삶을 살걸
2. I wish I had not worked so hard.
   너무 열심히 일하지 말걸
3. I wish I'd had the courage to express my feelings.
   내 자신의 감정을 좀 더 자유롭게 표현할걸
4. I wish I had stayed in touch with my friends.
   친구들과 계속해서 연락하면서 살걸
5. I wish that I had let myself be happier.
   내 자신을 좀 더 기쁘고 행복하게 살게 해 줄걸

흥미롭게도 한국의 설문조사와 호주 간호원의 이야기는 상당 부분 비슷하다는 것이다.

다른 사람의 삶을 살지 말고 나 자신의 삶을 살자. 내가 진정하고 싶

은 일을 하면서 사는 것이 첫 번째 덕목에 올랐다. 얼핏 보면 이기적인 이야기처럼 들릴 수도 있으나, 어쩌면 우리가 지구에 온 진정한 목적은 바로 육체라는 몸을 가지고, 정말 하고 싶은 것을 해보기 위해 왔는지도 모르겠다.

기왕에 여행을 갈 것이라면 정말 가고 싶은 곳을 선택해 보고, 먹고 싶고, 경험하고 싶었던 것을 경험하는 게 진정한 여행의 목적이 아닐까? 자신의 감정에 충실하고 좀 더 자유롭게 표현하자. 그리고 나의 삶에 의미 있었던 오랜 친구들을 찾으며 안부라도 전하자.

주위에는 자기를 위해 실속 있게 자기 삶을 살아가는 사람들이 많다. 이기적인 사람들이다. 나를 위한 삶을 살아오지 못했다고 말하면 틀린 말일까? 생각해보면, 나의 행동과 사고조차도 남 때문에, 남을 의식하며 살고 있는 것이 아닌가 하는 생각이 든다. 그렇다면 죽을 때 나의 인생은 100% 후회하는 실패인생으로 마감될 것인가?

구름 낀 인도양 (2013. 07. 30.)

인맥관리 17계명

2012. 12. 01.

1. 꺼진 불도 다시 보자. 지금 힘이 없는 사람이라고 우습게 보지 마라. 나중에 큰코다칠 수 있다.
2. 평소에 잘해라. 평소에 쌓아둔 공덕은 위기 때 빛을 발한다.
3. 내 밥값은 내가 내고 남의 밥값도 내가 내라. 남이 내주는 것을 당연하게 생각하지 마라.
4. 고마우면 고맙다고, 미안하면 미안하다고 큰 소리로 말해라. 입은 말하라고 있는 것이다. 마음으로 고맙다고 생각하는 것은 인사가 아니다. 남이 내 마음속까지 읽을 만큼 한가하지 않다.
5. 남을 도와줄 때는 화끈하게 도와줘라. 도와주는지 안 도와주는지 흐지부지하거나 조건을 달지 마라. 괜히 품만 팔고 욕만 먹는다.
6. 남의 험담을 하지 마라. 그럴 시간 있으면 팔 굽혀 펴기나 해라.
7. 직장 바깥사람들도 골라서 많이 사귀어라. 직장 사람들하고만 놀면 우물 안 개구리가 된다. 직장 그만두면 너는 고아가 된다.
8. 불필요한 논쟁, 지나친 고집을 부리지 마라. 직장은 학교가 아니다.
9. 직장 돈이라고 함부로 쓰지 마라. 사실은 모두가 다 보고 있다.
10. 가능한 한 옷을 잘 입어라. 외모는 생각보다 훨씬 중요하다. 할인

점 가서 열 벌 살 돈으로 좋은 옷 한 벌 사 입어라.

11. 남의 기획을 비판하지 마라. 네가 쓴 기획서를 떠올려봐라.

12. 조의금을 많이 내라. 부모님을 잃은 사람은 이 세상에서 가장 가엾은 사람이다. 사람이 슬프면 조그만 일에도 예민해진다.

13. 약간의 금액이라도 기부해라. 마음이 넉넉해지고 얼굴이 핀다.

14. 수위 아저씨, 청소부 아줌마, 음식점 종업원에게 잘해라. 정보의 발신지이자 소문의 근원지이다.

15. 옛 친구들을 챙겨라. 새로운 네트워크를 만드느라 가지고 있는 최고의 재산을 소홀히 하지 마라.

16. 너 자신을 발견하라. 일주일에 한 시간이라도 좋으니 혼자서 조용히 생각하는 시간을 가져라.

17. 지금 이 순간을 즐겨라. 지금 네가 살고 있는 이 순간은 나중에 네 모습이다.

아는 얘기지만 좋은 글이라 옮겨 적어 보았다. 스리랑카에서 오랫동안 사업을 하고 있는 정연국 사장이 나에게 보내준 글이다.

타인의 결점과 나의 말

2013. 03. 07.

다른 사람의 결점이
내 눈에 들어오는 것은
내 안에도 똑같은 결점이
어딘가에 있기 때문입니다.

한번 살펴보세요.
우리가 매일매일 쏟아내는 말 중에
얼마 만큼이 진짜 내 말이고
얼마 만큼이 다른 사람이 한 말을 짜깁기해서
내 말로 둔갑한 말인가요?
나는 진짜 나만의 말을, 얼마나 하나요?
진짜 내 말이라는 것이 있기는 한가요?

– 혜민 스님의 『멈추면, 비로소 보이는 것들』 중에서 –

나에게 있는 결점을 누군가 갖거나 그것을 행동으로 반복하는 것을 보면 화가 난다. 그런 내가 싫은 것이다. 타인의 장점보다 단점이 빨리 눈에 들어오고 또 먼저 찾으려고 노력한다.

내가 생각하고 표현하는 말의 내용과 수준에 의해 나는 총체적 평가를 받는다. 인간은 태어나면서 갖고 오는 것은 아무것도 없다. 모든 것이 노력에 의해 습득이 되고 외부로부터 배우는 것이다. 습득하고 학습한 것을 직접 느끼고 분석 정리한 것이 지식이며, 우리는 그것을 토대로 자기 본인의 의사 표현과 행동을 하는 것이다. 그렇지 않으면 단지 남의 말 전달에 불과할 것이다. 그래서 우리는 지식이 부족하면 말하는 것에 두려움을 느낄 수밖에 없다.

나만의 말을 하려면 정리된 정보 저장량이 많고 자신감이 있을 때 가능하다. 아마도 온전한 진짜 내 말은 없을 것이다. 논어의 '學而不思即罔 思而不學 即殆'가 생각난다.

내가 만난 스리랑카

펴 낸 날 2014년 12월 24일

지 은 이 박원옥
펴 낸 이 최지숙
편집주간 이기성
편집팀장 이윤숙
기획편집 윤은지, 김송진, 주민경
표지디자인 펜끝
책임마케팅 임경수
펴 낸 곳 도서출판 생각나눔
출판등록 제 2008-000008호
주 소 경기도 고양시 덕양구 화중로 130번길 24, 한마음프라자 402호
전 화 031-964-2700
팩 스 031-964-2774
홈페이지 www.생각나눔.kr
이 메 일 webmaster@think-book.com

• 책값은 표지 뒷면에 표기되어 있습니다.
ISBN 978-89-6489-342-5 03980

• 이 도서의 국립중앙도서관 출판 시 도서목록(CIP)은 서지정보유통지원시스템 홈페이지(http://seoji.nl.go.kr)와 국가자료공동목록시스템(http://www.nl.go.kr/kolisnet)에서 이용하실 수 있습니다(CIP제어번호: CIP2014036484).